寒地高蛋白大豆育种与栽培技术

刘鑫磊　栾晓燕　邱丽娟　编著

黑龙江科学技术出版社

图书在版编目（ＣＩＰ）数据

寒地高蛋白大豆育种与栽培技术 / 刘鑫磊, 栾晓燕,
邱丽娟编著. -- 哈尔滨：黑龙江科学技术出版社,2022.12
ISBN 978-7-5719-1712-8

Ⅰ. ①寒… Ⅱ. ①刘… ②栾… ③邱… Ⅲ. ①寒冷地
区－大豆－育种②寒冷地区－大豆－栽培技术 Ⅳ.
①S565.1

中国版本图书馆 CIP 数据核字(2022)第 256977 号

寒地高蛋白大豆育种与栽培技术
HANDI GAODANBAI DADOU YUZHONG YU ZAIPEI JISHU
刘鑫磊　栾晓燕　邱丽娟　编著

责任编辑	孔　璐　沈福威	
封面设计	孔　璐	
出　　版	黑龙江科学技术出版社	
	地址：哈尔滨市南岗区公安街 70-2 号　邮编：150007	
	电话：（0451）53642106　传真：（0451）53642143	
	网址：www.lkcbs.cn	
发　　行	全国新华书店	
印　　刷	哈尔滨博奇印刷有限公司	
开　　本	787 mm×1092 mm　1/16	
印　　张	11	
字　　数	200 千字	
版　　次	2022 年 12 月第 1 版	
印　　次	2022 年 12 月第 1 次印刷	
书　　号	ISBN 978-7-5719-1712-8	
定　　价	88.00 元	

《寒地高蛋白大豆育种与栽培技术》

编委会

序

中国是大豆的故乡，迄今已经有五千多年的栽培和利用历史。近年来，由于国内大豆消费量不断攀升，国产大豆供给能力不足导致对其进口依存度过高，严重影响了我国大豆的产业安全，因而，发展食用大豆产业与国际进行错位竞争已成为国家的战略任务。黑龙江省虽然地处高寒地区，是主要的高油大豆产区，但从全省的大豆品质区划和生产规模看，高蛋白大豆产区和产量仍占有全国大豆高蛋白产区、产量的重要份额，而且容易形成高蛋白大豆产业链。

种子是农业的"芯片"。本书作者紧紧围绕发展国产食用大豆的主题，根据团队对于大豆育种和栽培研究与实践经验的长期总结，结合近十年来国内外相关文献，撰写了《寒地高蛋白大豆育种与栽培技术》一书，旨在为从事大豆育种和生产的企事业科技人员、农技推广人员及农业院校学生提供理论基础与技术参考，助力推动高蛋白大豆科研与生产的发展。

蛋白质是生命的源泉，本书着重阐述了大豆蛋白质累积与环境条件的关系、高蛋白品种设计与培育的常规育种和分子育种技术，高蛋白大豆的保质增产增效栽培技术，并利用自育高蛋白大豆品种的典型案例验证了寒地高蛋白大豆育种与栽培技术的有效性。本书系统地归纳了高蛋白大豆从育种到栽培、从生产到推广应用全过程的技术亮点，为高蛋白大豆生产提出了经验性指导，对加快高蛋白大豆品种的推广应用、保障食用大豆生产安全供给提供了科学技术支撑。

我拜读书稿，受作者邀请结合对本书的肤浅感悟撰写此文，代为序。

杨维才

2022 年 11 月 24 日

于三亚中科院南繁基地

前　言

大豆起源于中国，至今已有 5000 余年的驯化与栽培历史，是重要的粮油饲兼用作物，因蛋白质含量高，氨基酸组成合理，被誉为"田中之肉""豆中之王""绿色的牛奶"。

近年来，随着我国社会经济发展及居民饮食结构的不断优化，对大豆的需求也在不断增长，大豆供需矛盾日益突出，进口数量不断增加。由于国产大豆与进口大豆具有品质和用途的鲜明差异，形成了食用、油用两个相对独立的大豆市场，而国产大豆主要以满足中国居民对高质量植物蛋白的需求为主。

黑龙江是我国最大的优质食用大豆生产和供给基地，是国产非转基因大豆、原生态与绿色农产品的重要生产基地，常年大豆种植面积占全国种植面积的 40%以上。2022 年中央一号文件提出，大力实施大豆产能提升工程。作为国家粮食主产区的黑龙江省，积极推进"稳粮扩豆"工作，制定了《2022 年黑龙江省扩种大豆工作方案》和《黑龙江省稳粮扩豆行动实施方案》。为了提高广大科技工作者、大豆生产者的科技生产水平，促进高蛋白大豆产业稳步发展，研究团队在多年科研攻关基础上，结合几十年的服务生产实践，编撰成《寒地高蛋白大豆育种与栽培技术》一书。

全书共分五章，重点围绕寒地高蛋白大豆品种是食用大豆生产的基础，提质保优高效栽培技术更是发挥品种优势的关键这一核心主题进行归纳总结。第一章概述了寒地高蛋白大豆的功能，大豆蛋白的形成过程，育种研究，生产、加工现状和发展趋势；第二、三、四章是本书的核心部分，第二章从杂交育种、诱变育种到多基因聚合育种三个方面阐述了高蛋白大豆育种从传统到现代的发展历程和代表性品种的成功选育，第三、四章从高蛋白大豆生产的耕整地、选种、播种、田间管理和收获减损等几方面总结了高蛋白大豆生产技术，并重点对"垄三"增效技术、"大垄"轻简技术、"大垄"密植绿色生产技术进行了详细叙述；第五章以典型案例介绍了寒地高蛋白大豆品种与技术的应用情况。

本书包含了几代大豆科技工作者的智慧结晶，在此书出版之际，特向老一辈科学家和新一代科技工作者表示感谢。

编　者

2022 年 11 月 16 日

目 录

第一章　寒地高蛋白大豆的概述

蛋白质是生命的物质基础，没有蛋白质便没有生命。大豆是植物蛋白最重要的来源之一，营养学中把大豆蛋白质称为完全蛋白质。大豆蛋白质中占绝对优势的是贮存蛋白，它主要由球蛋白和数量不多的白蛋白构成。大豆蛋白质中含有59%~81%的易溶球蛋白，3%~7%的难溶球蛋白，8%~25%的白蛋白。大豆一般可以制作成人们生活中需要的各类大豆制品、蛋白食品。大豆榨油剩余的豆粕也可作为动物饲料蛋白最重要的补充剂，并最终转化为动物蛋白，以满足人们的营养需求。

大豆蛋白含量及组成是大豆重要的品质指标，决定着大豆的营养价值，关系到人们的饮食健康。随着经济发展和生活水平的不断提高，人们已经开始关注大豆蛋白中各种氨基酸的含量。大豆蛋白在氨基酸组成平衡上，优于其他豆类、油料作物、谷类作物和棉籽等，它含有人体和动物所必需的各类氨基酸。培育高蛋白大豆品种一直是大豆育种的重要目标。同时注重大豆蛋白中各氨基酸的含量与比例，培育全营养功能型大豆品种，已经成为大豆育种的新目标。

黑龙江省地处我国高寒地区，大豆种植面积和产量占全国大豆40%以上。黑龙江大豆品质优良，90%以上用于食用，深受国人及加工企业的欢迎。为满足国人对高蛋白食品日益增长的需求，科技工作者将品质提升作为重要的研究目标，培育了许多高蛋白、营养功能型、专用型大豆品种，提升了大豆及其产品的附加值，拉动了大豆全产业链的发展，为国家粮食安全提供了有力保障。

第一节　大豆蛋白的组成及其功能

一、大豆蛋白的组成

大豆蛋白是一种存在于大豆中的植物蛋白，属于完全蛋白质（含有所有必需氨基酸），大豆是人类植物蛋白消费的重要来源。通常每100克大豆含蛋白质40克左右，是小麦的3.6倍、玉米的4.2倍、大米的5倍，素有"田中之肉、营养之王"的美誉。中国国产大豆是食用大豆的主体，其中80%加工成豆制品、调味品。大豆蛋白按照生理功能分类，可分为贮藏蛋白、酶类及生理活性蛋白，大豆籽粒中一般包含40%左右的贮藏蛋白。根据物理学特性和生化特性分类，例如根据溶解性可分为两类，一是约10%的清蛋白，另一种是约90%

的球蛋白；根据大豆球蛋白分子大小，按溶液在离心机中的沉降速度共分为四个组分，即：2S，7S，11S，15S（S为沉降系数）；根据大豆蛋白质生化特性分类，大豆蛋白质包含18种氨基酸，各类氨基酸含量也各不相同。

（一）大豆蛋白中球蛋白组成

用超离心沉降法对水解浸出脱脂粕所得的大豆蛋白在pH 7.6、0.5 M缓冲液中进行测定，每一组分是一些重量接近的分子混合物。如果将每一组分的蛋白质进一步分离，可以获得蛋白质单体或相类似的蛋白质：2S，7S，11S，15S，主要成分是7S和11S，占全部蛋白质的70%以上。

1.2S组分

低相对分子质量的2S组分含有胰蛋白酶抑制素、细胞色素C和两种局部的球蛋白等，在N-末端结合有天冬氨酸。

2.7S组分

7S组分有四种不同种类的蛋白质组成，即：血球凝集素、脂肪氧化酶、β-淀粉酶和7S球蛋白，其中7S球蛋白所占的比例最大，占7S组分的1/3，占大豆蛋白总量的1/4。7S球蛋白是一种糖蛋白，含糖量约为5%，其中3.8%为甘露糖，1.2%为氨基葡萄糖。与11S球蛋白相比，色氨酸（Trp）、蛋氨酸（Met）、胱氨酸（Cys）含量略低，赖氨酸（Lys）含量较高，因此7S蛋白更能代表大豆蛋白氨基酸的组成。据分析，7S蛋白是一个具有9个亚基的四元结构。7S多肽是紧密折叠起来的，其中α-螺旋，β-折叠型和不定型绕圈装等亚基结构，分别占5%、35%、60%。在三级结构中，一个分子只有3个色氨酸残基侧链，全部处于分子表面，35个酪氨酸残基侧链几乎全部处于分子内部的疏水区；4个胱氨酸残基侧链中每2个结合在一起，形成-S-S-结合。

3.11S组分

组分比较单一，到目前为止只发现一种11S球蛋白。11S球蛋白也是一种糖蛋白，只不过糖的含量比7S少得多，只有0.8%。11S球蛋白含有较多的谷氨酸、天冬酰胺的残基以及少量的谷氨酸、色氨酸和胱氨酸，它的二级结构与7S球蛋白几乎没有什么区别。在三级结构中，一个分子有86个酪氨酸残基侧链和23个色氨酸残基侧链，其中有34~37个酪氨酸、10个色氨酸处于立体结构的表面，其余的则处于立体分子的疏水区域。另外，在一个分子中，大约有44个胱氨酸残基侧链，其中一部分以-SH基形式存在，一部分以-S-S-形式存在。11S组分有一个特性，即冷沉性，脱脂大豆的水浸出蛋白液在0~2℃水中放置后，约有86%的11S组分沉淀出来，利用这一特征可分离浓缩11S组分。11S组分和7S组分在食品加工中性质有很大不同，二者加热后均能形成冻胶或钙质诱导冻胶，但从11S

组分中形成的冻胶呈乳酪状，有较高的拉力和剪力以及较强的吸水能力。此外，从 11S 组分制得的碱性亚基在酸性饮料中的 pH 范围内甚易溶解。

4.15S 组分

15S 组分并不是单纯蛋白质，而是由多种分子构成，在酶沉淀、透析沉淀时，15S 首先沉淀。目前对这一组分的研究还不是很透彻，未能单独提取其组成。

（二）大豆蛋白中氨基酸组分

氨基酸是蛋白质合成的基本前体，不同氨基酸的数量和质量对大豆种子蛋白质得营养高低有着至关重要的影响。根据动物代谢过程中对氨基酸的需求和可用性，所有 18 种氨基酸大致分为必需和非必需两类。非必需的氨基酸很容易获得或由动物自身合成，因此不需要从外部获得供应。必需氨基酸在动物体内不能合成，但在代谢过程中起重要作用。还有一类是半必需氨基酸或条件必需氨基酸，即在人类某个发育时期或者某种受伤等应激条件下为必需氨基酸。必需氨基酸包括赖氨酸（Lys）、亮氨酸（Leu）、异亮氨酸（Ile）、缬氨酸（Val）、蛋氨酸（Met）、苏氨酸（Thr）、色氨酸（Trp）和苯丙氨酸（Phe）等 8 种，条件必需氨基酸有精氨酸（Arg）、半胱氨酸（Cys）、谷氨酰胺（Glu）、酪氨酸（Tyr）、甘氨酸（Gly）、鸟氨酸（Orn）、脯氨酸（Pro）和丝氨酸（Ser）等 8 种。必需氨基酸和非必需氨基酸约占大豆种子蛋白的 20%。大豆蛋白质是含有 18 种氨基酸的复杂大分子，具有特定的初级结构和高级空间结构。初级结构是氨基酸经过 α 螺旋结构、β 折叠结构、随机结构等排列而成的，初级结构相互连接成二级结构，二级结构又连接成立体状的三级结构，具有立体结构的蛋白质单位分解或组成四级或者更高级别的结构。

二、大豆蛋白结构及功能

（一）大豆蛋白中球蛋白的组成及功能

大豆蛋白组成结构不同，决定了其营养品质及蛋白质的水合性质、表面性质以及蛋白互作等功能特性的不同。大豆蛋白绝大部分属于球蛋白。大豆球蛋白主要包含 2S、7S、11S 和 15S 四种组分，其中 7S 和 11S 约占总蛋白含量的 70% 以上。7S 球蛋白主要由 β-伴大豆球蛋白和 γ-伴大豆球蛋白组成，其中 β-伴大豆球蛋白由 α'、α 和 β 三种亚基组成。11S 球蛋白由酸性亚基（A）和碱性亚基（B）构成。

11S 球蛋白中含有丰富的二硫键和巯基，所以形成凝胶的硬度和弹性均较强。11S 球蛋白含量增加，对人体有益的含硫氨基酸含量就会增加，凝胶稳定性、乳化性得到提高，豆制品的保水性、风味保持能力等得到改善，而且致敏性降低。

7S 球蛋白疏水氨基酸多，表面活性强，但分子中二硫键和巯基少，凝胶的硬度和弹性较低。7S 球蛋白中β-大豆球蛋白含量增加，其在加工上的分散性增加，蛋白的功能性得到强化。β-大豆伴球蛋白具有降血脂的作用，作用机理可能是消化过程中产生了促进脂肪代谢的多肽，通过与人体血液内的胆酸结合，从而降低血液中脂肪的含量。7S 球蛋白中 Gly m Bd 30K 是大豆的主要致敏原之一。

2S 组分包含 Bowman-Birk 和 Kunitz 型胰蛋白酶抑制剂、细胞色素 C 等。大豆种子脂肪氧化酶分子量约为102kD，占大豆贮藏蛋白极小的一部分（2% 左右），是豆腥味产生的原因。种子脂氧酶完全缺失可去除豆腥味，含高脂氧酶活性的豆粉，则可以用于面粉的自然漂白。

15S 组分：15S 组分是由多种分子构成的，目前对这一组分功能的研究还很不透彻。

大豆的蛋白含量、脂肪含量是决定大豆用途的重要指标，7S 球蛋白、11S 球蛋白对于各类豆制品的品质有着重要的影响，可确定不同品种的专用途径，为发展大豆专用品种种植及促进大豆产业发展有着重要作用。

（二）大豆蛋白中氨基酸组分的功能

大豆蛋白的氨基酸组分发挥着重要的生理功能。大豆蛋白质是含有不同氨基酸的复杂大分子，具有特定的初级结构和高级空间结构。初级结构是氨基酸经过α螺旋结构、β折叠结构、随机结构等排列而成的。合成大豆蛋白的氨基酸是维持人体健康的各种酶或激素的重要组成成分，但多余的氨基酸不能储存在人体内以供进一步使用，它们必须每天从食物中吸收，称为必需氨基酸，包含赖氨酸、色氨酸、苯丙氨酸、蛋氨酸、苏氨酸、异亮氨酸、亮氨酸、缬氨酸 8 种。任何一种氨基酸的缺乏都会引起人们身体的一系列疾病。

赖氨酸促进大脑发育，是肝及胆的组成成分，能促进脂肪代谢，调节松果腺、乳腺、黄体及卵巢，防止细胞退化；色氨酸促进胃液及胰液的产生。

苯丙氨酸属芳香族氨基酸。在体内大部分经苯丙氨酸羟化酶催化作用氧化成酪氨酸，并与酪氨酸一起合成重要的神经递质和激素，参与机体糖代谢和脂肪代谢，参与消除肾及膀胱功能的损耗。

异亮氨酸的作用包括与亮氨酸和缬氨酸一起合作修复肌肉，控制血糖，并给身体组织提供能量。它还能提高生长激素的产量，并帮助燃烧内脏脂肪，由于这些脂肪处于身体内部，仅通过节食和锻炼难以对它们产生有效作用。亮氨酸、异亮氨酸和缬氨酸都是支链氨基酸，它们有助于促进训练后的肌肉恢复。其中异亮氨酸是最有效的一种支链氨基酸，可以有效防止肌肉损失，因为它能够更快地分解转化为葡萄糖。增加葡萄糖可以防止肌肉组织受损，因此它是健美运动员最好的伙伴。异亮氨酸参与胸腺、脾脏及脑下腺的调节以及代谢，脑下腺隶属总司令部作用于甲状腺、性腺。

亮氨酸的作用是平衡异亮氨酸，亮氨酸还可促进骨骼、皮肤以及受损肌肉组织的愈合，医生通常建议手术后患者采取亮氨酸补充剂。

缬氨酸化学名称为 2-氨基-3-甲基丁酸，属于支链氨基酸，也是人体必需的 8 种氨基酸和生糖氨基酸，它与其他两种高浓度氨基酸（异亮氨酸和亮氨酸）一起工作，促进身体正常生长，修复组织，调节血糖，并提供需要的能量。在参加激烈体力活动时，缬氨酸可以给肌肉提供额外的能量产生葡萄糖，以防止肌肉衰弱。它还帮助人体从肝脏清除多余的氮（潜在的毒素），并将身体需要的氮运输到各个部位。用于黄体、乳腺及卵巢。

色氨酸可以促进血清素和褪黑激素的分泌，同时还可以调节人体的生物钟，所以具有助眠的作用。它是动物体内唯一通过非共价键与血清白蛋白结合的氨基酸。这种结合与其分子构型有关：L-色氨酸以高度立体专一性主要在一个位点上与血清白蛋白结合，而 D-色氨酸与血清白蛋白的结合力很小，只有 L-色氨酸的 1%。此外，它还受其他一些大分子中性氨基酸和血浆中游离脂肪酸浓度变化的影响。当这种结合状态改变时，色氨酸在体内代谢就会发生变化（如影响大脑中 5-羟色胺的合成），甚至导致一些疾病发生，如肝昏迷。在人体内 95% 以上的色氨酸由肝细胞的色氨酸-2，3-双加氧酶分解。当肝细胞受损伤时，此酶的数量减少，活力降低。

苏氨酸有转变某些氨基酸达到平衡的功能，和色氨酸一样有缓解人体疲劳、促进生长发育的效果。医药上，由于苏氨酸的结构中含有羟基，帮助人体皮肤具有持水作用；与寡糖链结合，对保护细胞膜有重要作用，在体内能促进磷脂合成和脂肪酸氧化。其制剂具有促进人体发育、抗脂肪肝药用效能，是复合氨基酸输液中的一种成分。苏氨酸通常是猪饲料中的第二或第三限制性氨基酸，是家禽饲料的第三或第四限制性氨基酸。随着赖氨酸、蛋氨酸合成品在配合饲料中的广泛应用，它逐渐成为影响畜禽生产性能的主要限制性因素，尤其是在低蛋白日粮中添加赖氨酸后，苏氨酸成为生长猪的第一限制性氨基酸。

含硫氨基酸是在热处理过程中对食品风味影响较大的一类氨基酸，它们单独存在时的热分解产物，除了硫化氢、氨、乙醛、半胱胺等物质之外，还会生成噻唑类、噻吩类及许多含硫化合物，它们大多数是挥发性的强烈嗅感物质，许多是熟肉香气的重要组分。蛋氨酸也叫甲硫氨酸，是必需氨基酸。而其他两种胱氨酸和半胱氨酸是非必需氨基酸。此外还有高半胱氨酸，但这种氨基酸不是合成蛋白质的氨基酸，是甲硫氨酸合成的中间产物。蛋氨酸（甲硫氨酸）参与组成血红蛋白、组织与血清，有保护脾脏、胰脏及淋巴的功能；大豆中含硫氨基酸即半胱氨酸和蛋氨酸，其总硫（S）占总蛋白质的比例不到 1.5%，低于人类日常膳食推荐水平，因此大豆蛋白中蛋氨酸需要提高改良，或者在大豆加工过程中进行添加。

根据 WHO 建议的蛋白质推荐摄入量，大豆蛋白含有人体所有的必需氨基酸，其营养价值与动物蛋白相当，可很好地满足人类的营养需要。它所含的 8 种必需氨基酸含量接近或高于 FAO 和 WHO 的理想构成。大豆分离蛋白中赖氨酸的百分含量较高，将其添入谷类食品中可弥补谷类蛋白赖氨酸含量的不足。现代人群所需要的食品应既能引起食欲，又无不良副作用，而且含有丰富营养。在现有食物类群中，具备上述条件、原料来源丰富的农作物莫过于大豆。用大豆蛋白制作的饮品，被营养学家誉为"绿色牛奶"。大豆蛋白质有明显降低胆固醇的功效。

大豆氨基酸组成大豆蛋白前体的多肽小分子，更是人体许多功能性分子构成物质。大豆中必需氨基酸的比例与含硫氨基酸的含量也是商品大豆贸易中营养优劣的重要指标。

第二节　大豆蛋白的形成与环境关系

大豆蛋白是一类非常重要的植物蛋白，贮藏在大豆籽粒的子叶细胞中，不仅为种子萌发提供氮源和氨基酸，也为人类提供了高蛋白食物。大豆蛋白通过复杂的生理生化反应过程，将碳源和氮源固定，合成代谢成蛋白质，然后转运至大豆籽粒中进行积累。因此大豆蛋白除了与大豆品种类型相关外，同时与栽培地区的环境条件，如降雨量、地理经纬度、海拔高度、光照、温度、土壤养分条件、地势等密切相关。大豆生育期间特别是生殖生长期的温度、光照、降水、肥料的供给等对大豆蛋白含量都会产生较大的影响。

一、大豆蛋白的形成

蛋白质是大豆种子的主要品质性状之一，受数量性状和环境的互作影响，其合成机制复杂。大豆蛋白质的基本组成单位是氨基酸，氨基酸通过脱水缩合形成肽链。蛋白质是由 1 条或多条多肽链组成的生物大分子，每一条多肽链有 20 至数百个氨基酸残基不等。大豆蛋白质合成受微效多基因调控，代谢途径相互交叉，错综复杂。在大豆种子发育过程中，7S 和 11S 甘氨酸最初作为前体在内质网（ER）上合成，然后通过囊泡运输至蛋白质储存液泡（PSV）。

大豆氨基酸有各自的合成代谢通路，每个通路均需要众多基因和酶的参与，但各自基因发生作用的位点、启动功能的时期以及如何调控细胞内的各组分发生的机制尚不清楚。大豆中总蛋白的积累规律，已有许多研究报道。不同品种大豆，其籽粒发育中蛋白质累积规律不同。整体呈现开花后期籽粒形成过程中随鼓粒期的推移而增加，并呈 W/O 型曲线变化。有研究将大豆种子的发育分为前中后 3 个时期：开花后 10~30 天为蛋白质合成的第一时期（前期）；30~50 天为蛋白质发生快速积累的第二时期（中期），该时期，并合成贮藏蛋白；60~80 天为第三时期（后期），蛋白质积累缓慢，其中贮藏蛋白占种子总蛋白含量的 80%左右。

大豆的贮藏蛋白通过三种途径运输到蛋白质储存液泡：

（1）储存蛋白作为前体在内质网上合成，并通过致密囊泡通过高尔基体运输到蛋白质储存液泡。

（2）储存蛋白在内质网上合成并直接从内质网芽形成蛋白体。

（3）储存蛋白在内质网上合成，并通过前体积累囊泡绕过高尔基体运输到蛋白质储存液泡。大豆蛋白质的合成代谢主要涉及两个方面，一个是氨基酸的合成，即碳素和氮素的调运，二是贮藏蛋白基因的转录翻译及加工。大豆将氨（来源于氮气或者氮肥）通过转氨作用为其他氨基酸提供氨基，其中谷氨酰胺合成酶是氨代谢中的一个主要调控点。氨离子通过谷氨酰胺合成酶-谷氨酸合成酶转化为谷氨酰胺和谷氨酸，被激活后，通过 tRNA 转运至血浆网粗糙表面的 mRNA，合成 11S 和 7S 球蛋白，然后由高尔基受体转运至液泡进行加工和修饰。最后，将所有储存蛋白结合在蛋白质体中，用于合成和积累大豆种子蛋白。

二、大豆蛋白积累与环境的关系

（一）水分对大豆蛋白的影响

在大豆各发育时期控制水分会直接影响其蛋白质的含量，因此，适宜的水分供给是种子蛋白质积累所必需的。干旱会造成大豆的主要品质指标、蛋白质和脂肪含量下降，但大豆在开花、结荚及鼓粒期如遇短暂的干旱，蛋白质含量呈上升趋势。灌水对不同品种的大豆蛋白质和脂肪含量影响不同。灌水可提高高蛋白质大豆品种的蛋白质含量，降低脂肪含量灌水可提高高油大豆品种的脂肪含量，降低蛋白质含量。不同生育阶段的降水量对大豆主要品质指标的贡献率是：鼓粒~成熟期最大，其次是开花~鼓粒期，出苗~分枝期贡献率最小。

（二）光照对大豆蛋白的影响

光对同化物的运输和分配具有决定性的作用。光富集和遮阴处理，可改变大豆光合产物在源库中的分配。生殖生长期进行光富集可增加蛋白质含量，蛋白质积累受到源供应的影响，而更多的却是受到籽粒潜在库能力的调节，当源小库大时利于蛋白质积累，但遮阴可降低籽粒蛋白质含量。

大豆蛋白受到光照强度和光照长度的影响显著。光照强度对不同品质类型的大豆蛋白质含量有较大的影响，不同品质类型大豆蛋白质含量随着光照强度的降低均呈上升趋势。不同大豆类型品种对光照强度变化的敏感程度不同，高蛋白质大豆品种对光照强度反应较迟钝，蛋白含量增加幅度不如高脂肪大豆品种明显。光照长度对大豆蛋白含量的影响中，长光照条件下会明显导致大豆蛋白质含量下降。

（三）温度对大豆蛋白的影响

温度可直接或间接地影响植物生长、发育及最终产量。有研究发现成熟大豆籽粒中的蛋白质含量受籽粒发育期生长温度的影响。在籽粒发育过程中，当遇到的温度超过28℃后，蛋白积累含量最终会随着温度的升高而增加。大豆籽粒发育过程中，低温条件下，蛋白质含量会随着其发育而增加；当温度从16℃升高至24℃时，成熟籽粒中蛋白质含量会随温度升高而增加；当在高温（31℃）和中温（24℃）条件下，籽粒获得总干重的60%之前，蛋白质含量随发育而增加；在获得总干重的60%之后，脂肪含量不再增加并略有下降，而蛋白质含量持续增加。当温度从16℃升高到31℃，成熟种子中的蛋白质含量呈上升趋势。因此，提高籽粒发育后期的温度，对提高种子蛋白质含量具有十分重要的意义。也就是说，在大豆籽粒发育后期，遇到高温天气，非常利于大豆品种蛋白含量提高。

（四）土壤对大豆蛋白的影响

土壤是大豆生长发育的主要营养来源，土壤的酸碱度和各种养分的含量及比例都会对大豆的品质产生重要影响。土壤酸碱度对大豆品质的影响，主要是通过土壤环境的改变而发挥作用的。大豆在pH值为6.6~7.8的土壤中都能正常生长。当土壤pH值高于9.0时，大豆叶片的电导率会明显升高，导致质膜破坏，渗透压改变，大豆生长发育会受到明显影响，大豆细胞蛋白质的合成受到严重的抑制。当土壤pH值小于3.9时，土壤中根瘤菌失效，影响碳源和氮源的固定，从而阻碍大豆蛋白合成代谢的进行。

（五）肥料对大豆蛋白的影响

肥料中氮、磷、钾是作物生长的三大主要营养元素，作物的所有生理代谢反应，几乎都离不开这三大元素的参与。除此之外，还有一些微量元素也是大豆生长发育所必需的，这些微量元素对大豆的一些重要生理功能的发挥具有重要作用。

氮素是大豆生理过程的重要参与者，对于大豆产量形成和蛋白质积累具有至关重要的作用。来自地力和根瘤固氮的氮素是大豆氮素的主要供给源，在大豆生产中接种根瘤菌是一项提质增效的有效措施。人工施肥是人为影响土壤含氮量最直接的方式，而施用氮肥的类型、数量、时期、方式等，都会影响到大豆籽粒的产量和品质。有研究者对黑农 48（蛋白质含量 44.71%，脂肪含量 19.05%）等品种不同的氮施肥量研究表明，高蛋白质品种对氮素的需求量要大于高油品种对氮素的需求量，适量增施氮肥能够起到提高大豆籽粒产量和蛋白质含量的作用。但持续施用氮肥会抑制大豆根瘤的形成，使固氮酶活性显著降低，影响大豆的品质。

磷是植物生长必需的三大重要营养元素之一。磷在植物体内以多种方式参与各种生物化学过程。首先，磷是氨基转移酶和硝酸还原酶的组成成分，同时又是呼吸作用中多种酶的组成成分，而呼吸作用所形成的多种有机酸（如丙酮酸、α-酮戊二酸、延胡索酸和草酰乙酸）可作为氨的受体而生成氨基酸。此外，在合成蛋白质的过程中，ATP 又是能量的供应者，说明磷对促进植物的生长发育和新陈代谢发挥着十分重要的作用。磷素对大豆品质的影响明显，适宜的施磷量能促进氮素的吸收，有利于蛋白质的合成。在实际生产中，应针对不同大豆品种的需磷特点，以及氮、磷、钾的最佳比例，合理施用磷肥，从而达到提高大豆蛋白质含量；改善大豆品质的作用。磷元素的吸收效率直接影响大豆蛋白中球蛋白的含量，高蛋白质品种磷代谢能力强，其合成球蛋白的能力也强；高油品种磷代谢能力较弱，导致了球蛋白的含量较低。

钾是作物必需的大量营养元素之一，大豆是需钾较多的喜钾作物。施用钾肥对提高作物产量和改良大豆蛋白（或脂肪）均有明显的作用。以往的研究表明，钾肥能够促进大豆对水分的吸收利用。此外，钾肥还能够促进大豆对氮肥和磷肥的吸收以及在植株体内的累积，并能够提高大豆的抗逆性。大豆植株的正常生长发育，依赖于氮、磷、钾元素的平衡吸收和利用，土壤中钾元素缺乏，易导致氮肥有效利用率下降。钾元素在改善大豆品质方面的作用，还体现在钾肥通过促进光合产物的运输，提高了大豆的光合效率，提高了大豆基本营养物质（如蛋白质和碳水化合物）的合成，从而改善了大豆的品质。学者认为钾肥能够提高大豆蛋白质含量，降低脂肪含量。钾元素能增强厚角组织。当钾元素充足时，植物细胞壁增厚、茎秆坚韧、抗寄生菌穿透的机械阻力增加；同时作物体内的低分子化合物减少，病原菌缺少食物来源，因此钾肥在增强作物病害抗性方面的作用，直接或间接提高了大豆的品质，包括蛋白。

（六）硫肥和微量元素对大豆蛋白的影响

大豆体内一些重要前体的合成与活化都离不开硫元素的参与。尽管大豆对于硫元素的需求量不如氮、磷、钾元素多，但是硫元素对植物的生长与发育同样具有至关重要的作用。

硫元素在大豆体内主要是以甲硫氨酸（又名蛋氨酸）、半胱氨酸和胱氨酸等3种含硫氨基酸的形式存在。同时，因为大豆蛋白内的含硫氨基酸含量往往比较低，更需要含硫元素的调配，以提高硫元素的功效。硫元素是大豆的第四大必需营养元素，还与大豆的根瘤菌及自生固氮菌的固氮作用密切相关。大豆籽粒氮元素含量的多少，能够在一定程度上反映出蛋白质含量的高低，施硫能使大豆叶绿素含量明显提高，植株生长旺盛，叶绿素含量达到巅峰，促进大豆后期干物质的积累，而不施硫大豆会因叶绿素含量急剧下降，出现早衰，进而影响大豆的产量和品质。适当施硫可以提高大豆球蛋白的含量，但过量使用则会降低蛋白质含量，蛋白质和脂肪总量也会降低，同时不同类型的大豆品种对施硫肥的反应略有差异。

微量元素在大豆生长发育过程中具有不可替代的重要作用，对大豆生长具有重要作用的微量元素主要有钼、硼、锌等。虽然大豆在整个生育期对它们的需要量不多，但是如果微量元素摄入不足，将会严重影响大豆的生长及品质。施硼或施钼处理都能提高大豆籽粒中蛋白质的含量，籽粒中总氨基酸及必需氨基酸含量都较对照明显增加，除脯氨酸外各氨基酸组分都有所增加。硼、钼元素能够提高大豆的品质。微量元素锌和锰对大豆蛋白质的含量影响也较大，锌、锰互作对大豆蛋白质含量的提高达到显著水平，锌、锰配施可提高大豆蛋白质含量。

施用微量元素的微肥（或叶面肥）、硫肥，都要和其他元素（如氮、磷、钾）相互配合达到最佳比例，才能促进大豆生长和籽粒蛋白含量的提高。

三、高蛋白品种的种植区划

（一）中国高蛋白大豆品种的种植区划

根据我国气候条件和大豆品种资源类型以及种植习惯，对我国大豆种植区域进行划分。这种种植区域划分便于为大豆品种种植和选育提供依据，同时利于发挥农作物区域优势。中国大豆区大豆品种生态从全国分为五个栽培区域（春作大豆区、夏作大豆冬闲区、夏作大豆区、秋作大豆区、大豆两获区）发展到三大区、十亚区，即包括Ⅰ北方春作大豆区（Ⅰ-1东北春作亚区、Ⅰ-2北部高原春作大豆亚区、Ⅰ-3西北春作大豆亚区），Ⅱ黄淮海流域夏作大豆区（Ⅱ-4冀晋中部夏春作大豆亚区、Ⅱ-5黄淮流域夏作大豆亚区），Ⅲ南方多作大豆区（Ⅲ-6长江流域夏春作大豆亚区、Ⅲ-7东南部秋春作大豆亚区、Ⅲ-8中南部秋春作大豆亚区、Ⅲ-9西南高原春作大豆亚区、Ⅲ-10华南多作大豆亚区）；后又调整为五区，即北方春大豆区、黄淮海流域夏大豆区、长江流域夏大豆区、东南春夏秋大豆区和华南四季大豆区。2001年盖钧镒院士根据各地自然条件和栽培条件，又提出了6个大豆品种生态区域及相应亚区划分方案，如下：

Ⅰ 北方一熟制春作大豆品种生态区（简称北方一熟春豆生态区，代号 NRT VER）；

Ⅰ-1 东北春豆品种生态亚区（东北亚区，NEC SR）；

Ⅰ-2 华北高原春豆品种生态亚区（华北高原亚区，NCP SP）；

Ⅰ-3 西北春豆品种生态亚区（西北亚区，NWC SR）；

Ⅱ黄淮海二熟制春夏作大豆品种生态区（黄淮海二熟春夏豆生态区，HHH VER）；

Ⅱ-1 海汾流域春夏豆品种生态亚区（海汾亚区，HFV SR）；

Ⅱ-2 黄淮海流域春夏豆品种生态亚区（黄淮亚区，HHV SR）；

Ⅲ 长江中下游二熟制春夏作大豆品种生态区（长江中下游二熟春夏生态区，MLCVER）；

Ⅳ中南多熟制春夏秋作大豆品种生态区（中南多熟春夏秋豆生态区，CTS VER）；

Ⅳ-1 中南东部春夏秋豆品种生态亚区（中南东部亚区，EMS SR）；

Ⅳ-2 中南西部春夏秋豆品种生态亚区（中南西部亚区，WMS SR）；

Ⅴ西南高原二熟制春夏作大豆品种生态区（西南高原二熟春夏豆生态区，SWPVER）；

Ⅵ华南热带多熟制四季大豆品种生态区（华南热带多熟四季大豆生态区，SCTVER）。

大豆品种生态区是自然环境和气候条件的综合体现，基本上属于光照、温度、降水量等自然条件基本一致的区域。大豆品种生态区域与地理纬度成极其显著的正相关，地理纬度也基本体现光照、温度、降雨、土壤条件等综合条件的相似性。研究表明，自然条件下的大豆蛋白含量从北到南呈逐渐增加的趋势，栽培大豆蛋白含量与纬度呈极显著负相关。研究发现，大豆的蛋白含量与海拔呈极显著相关；大豆蛋白含量也是均按春播>夏播>秋播的顺序逐渐降低。根据大豆生态区特点，南方夏大豆生态区更利于大豆蛋白积累，一般大豆蛋白含量较高，比如南夏豆 30，蛋白含量达 50.1%；但也有蛋白含量较低的品种，比如菏豆 32，蛋白含量为 40.96%。黑龙江高寒地区不利于蛋白积累，一般大豆蛋白含量较低，但也有蛋白含量高的一大批品种，比如黑农 88，蛋白含量 45.56%，黑农 511，蛋白含量 47.31%。大豆蛋白含量是品种遗传和环境条件共同作用的结果，其中品种遗传是内因，对蛋白的影响达到 70%~80%；环境是外因，其影响程度为 20%~30%。因此，在中国大豆南北种植区域跨度较大的现状下，充分发挥大豆的遗传资源特性，选育适应性广、高蛋白大豆新品种；同时利用各生态区域的气候环境条件差异，充分发挥生态区域优势，在各生态区域内根据环境气候特点，进一步详细划分高蛋白品种种植区、高脂肪品种种植区等，才能最大限度地发挥高蛋白大豆品种优势，最大限度地提高大豆蛋白含量。

（二）黑龙江省高蛋白品种种植区划

大豆蛋白质和脂肪含量在遗传上属数量遗传，主要受品种内因控制，但是同时受环境条件影响也较大。黑龙江省大豆产区的南北地区主要是光照长短、无霜期长短及温度高低方面的差异；而东西部的差别主要表现在年降雨量及湿度等方面，其综合环境条件不利于蛋白积累，大豆的平均蛋白含量在40%左右，明显低于黄淮海、长江流域、东南、华南地区大豆平均蛋白含量，但也有部分生态区适合高蛋白大豆生产，部分高蛋白品种如黑农98，在哈尔滨、牡丹江产区蛋白含量可达46.43%。所以，科学制定黑龙江省大豆品质区划尤为重要，对发挥生态区域优势发展优质大豆生产起到重要指导作用。但是因以往研究所用的品种、方法、种植地点等因素差异，许多研究者对黑龙江省大豆品质区域的划分存在差异。

综合各研究结果，趋于一致的意见是，黑龙江省大豆品种品质生态区划分为6个产区，黑龙江省北部边区寒冷地带，蛋白质和脂肪含量偏低（Ⅲ区-A：北部蛋白油分平衡区）；西部干旱碳酸盐黑土区脂肪含量高（Ⅰ区-A：西部高油大豆生产区）；东部小兴安岭山丘陵黑土区脂肪含量高（Ⅰ区-B 东部高油大豆生产区）；木兰、依兰、牡丹江半山间平原区，蛋白质含量偏高（Ⅱ区-B：东南部蛋白油分平衡区）；北起嫩江、德都至克山、海伦、绥化、哈尔滨广大黑土区蛋白含量偏高，大豆不但产量高，外观品质优良，而且脂肪与蛋白质均保持较高含量水平，表现了稳定的"双高"状态（Ⅱ区-A：中部高蛋白生产区）；东部三江平原区属高脂肪、中蛋白质区（Ⅲ区-B：东部沿江地区蛋白油分平衡区）

第三节　寒地高蛋白大豆研究现状

大豆起源于我国，是人类重要的植物蛋白来源。大豆籽粒中含有 38%~42%的优质蛋白质，其氨基酸组成十分接近世界卫生组织（WHO）关于人类蛋白质营养的推荐值，大豆被广泛应用于食品、饲料、医药等工业领域，是世界各国公认的安全、多用途的食品添加剂、营养剂及谷物食品品质改良剂。随着人民生活水平的不断提高，人们对蛋白质的数量和质量需求越来越高。大豆优质蛋白含量高，能预防高血脂、血管硬化，人们日常食用的肉、蛋、奶的蛋白质间接来源于大豆，大豆已成为人们生活水平提高的基础保障。

一、高蛋白大豆的标准

顾名思义，高蛋白大豆是蛋白含量比一般大豆高，这在大豆审定过程和商品大豆贸易中均有具体规定。商品粮可参照国家粮食质量标准（GB 1352—2009）。大豆品种审定高蛋白标准可参照《国家主要农作物审定标准》及各省规定的标准。黑龙江省高蛋白大豆品种标准可参照《黑龙江省主要农作物品种审定标准》中关于高蛋白大豆品种的相关规定。

根据国家粮食质量标准（GB 1352—2009），作为商品大豆的高蛋白大豆粮食质量标准应符合表1-1，高蛋白含量分别为1级≥44.0%，2级≥42.0%，3级≥40.0%。

表1-1 高蛋白大豆质量指标（GB 1352~2009）

| 等级 | 蛋白质含量（干基）（%） | 完整粒率（%） | 破损粒率（%） | | 杂质含量（%） | 水分含量（%） | 色泽、气味 |
			合计	其中：热损伤粒			
1	≥44.0						
2	≥42.0	≥90.0	<2.0	<0.2	≤1.0	<13.0	正常
3	≥40.0						

根据《国家主要农作物审定标准》高蛋白大豆品种相关规定，东北春大豆高蛋白品种的审定标准是平均粗蛋白含量≥44.0%，且每年≥42.0%；对于普通大豆蛋脂和规定，每年区域蛋脂和≥59.0%。根据《黑龙江省主要农作物品种审定标准》黑品审[1998]第4号规定，高蛋白品种：第Ⅰ-Ⅲ积温带蛋白质平均含量≥44%，且单年不低于42%。第Ⅳ~Ⅵ积温带蛋白质平均含量≥43%，且单年不低于41%。对于蛋脂和规定如下：第Ⅰ~Ⅲ积温带蛋白质、脂肪含量总和≥59.5%；第Ⅳ~Ⅵ积温带蛋白质、脂肪含量总和≥59.0%。

二、高蛋白大豆育种研究进展

（一）大豆蛋白含量及组成相关基因位点定位

大豆蛋白质含量属于复杂的数量性状，受环境影响明显，受多个微效基因调控，因此对大豆蛋白质含量相关基因数量性状位点（QTL）的克隆有助于利用分子技术选育高蛋白质含量和高产大豆新品种。基于系谱和关联作图的方法已经鉴定出数百个影响大豆种子品质的QTL，分布于20条大豆染色体上，截至2022年11月，已有249个与蛋白相关的QTL整合到SoyBase中，贡献率从2.35~65%不等，如表1-2所示，大豆蛋白含量相关位点的基因一直属于大豆品质的关键基因，相关的新QTL和相关位点仍在报道中。例如黑农88和P73-6B构建的F2群体，定位了一个蛋白相关QTL qPRO-20-1，候选了两个基因

Glyma.20g081800、Glyma.20g082000；在中黄 35 和十胜长叶构建的重组自交系中，定位了 qPRO-19-1，候选了两个基因位点 19g221800 和 Glyma.19g222000。利用中黄 35 和中黄 13 构建的重组自交系检测到 15 个蛋白含量相关 QTL 位点；科丰 1 号和南农 1138-2 构成的重组自交系和自然群体，在大豆蛋白品质方面，对大豆球蛋白（11S）、β-伴大豆球蛋白（7S）、11S+7S（SGC）、1lS/7S（RGC）进行 QTL 分析，发现在 RGC 和 SGC 相关的标记区间 sat_418-satt650 和 sat_196-sat_303 中发现编码β-伴大豆球蛋白亚基的基因，在与 11S、7S 和 SGC 相连锁的标记 sat 318 附近发现一个编码大豆球蛋白亚基的基因。利用中黄 608 与登科 1 号创建了一个由 210 个个体组成的 F2 分离群体，利用连锁分析方法将该基因定位于第 10 染色体标记 SSR10-1489 与 SSR10-1612 之间。其中，包括控制 α'亚基合成基因 Cgy-1（Glyma.10G246300）。这些研究为大豆高蛋白品质育种提供了新材料，同时也为分子育种提供了技术支持。

表 1-2　蛋白含量相关 QTL 在各染色体上的分布与贡献率

染色体	连锁群	QTL 数量	贡献率（%）
1	Dla	7	4.7~27.6
2	D1b	8	5.16~18.0
3	N	12	5.6~17.9
4	C1	15	6.8~31.0
5	A1	10	4.6~23.0
6	C2	19	4.8~27.6
7	M	14	4.0~27.1
8	A2	10	5.0~12.1
9	K	17	2.35~24.4
10	O	9	6.0~21.0
11	B1	9	3.0~15.7
12	H	8	3.0~32.0
13	F	14	6.0~18.1
14	B2	12	5.0~19.0
15	E	18	5.65~24.0
16	J	3	7.6
17	D2	10	6.64~26.0
18	G	16	2.89~20.1
19	L	13	4.0~27.0

（二）大豆蛋白氨基酸相关基因位点定位

大豆蛋白由多个氨基酸组成，各氨基酸含量受多基因的调控，属于数量性状，控制蛋白质含量或氨基酸功能的基因较少。一般来说，粗蛋白含量与蛋氨酸和半胱氨酸水平之间只有微弱的相关性。含硫氨基酸的组成往往会随着氮源的不同而波动，同时影响还原形式硫的可用性，由此可知含硫氨基酸受环境效应影响明显，遗传效应属于微小累加效应。截至 2022 年 11 月，SoyBase 数据库公布的大豆氨基酸含量相关的 QTL 定位研究相关 QTL 达 145 个，散落分布在 20 条染色体上，其中第 20、6 号染色体上 QTL 数量最多，分别检测到 23 和 17 个 QTL，6 个丙氨酸、1 个精氨酸、4 个天冬氨酸、2 个半胱氨酸、8 个谷氨酸、61 个甘氨酸、1 个组氨酸、5 个异亮氨酸、7 个亮氨酸、3 个赖氨酸、6 个蛋氨酸、6 个苯丙氨酸、4 个脯氨酸、6 个丝氨酸、5 个苏氨酸、6 个色氨酸、5 个酪氨酸和 4 个缬氨酸，有 100 多个与大豆 PC、AA、EAA 或 TSAA 相关的 QTL 被报道。大豆氨基酸含量的定位研究主要采用遗传群体和自然群体，运用连锁分析和全基因组关联分析，在不同群体中分别定位到与大豆籽粒各种氨基酸含量相关的 QTL。

自 2006 年首次检测到一些控制氨基酸含量的 QTL 以来，陆续有控制含硫氨基酸以及大豆中含有的必需氨基酸含量的 QTL 通过不同的定位方法和作图群体被定位。通过单因素方差分析（ANOVA）和复合区间作图，利用 RIL 群体鉴定了与赖氨酸和蛋氨酸相关的 QTL。在不同染色体和区间定位到与蛋氨酸、苏氨酸、半胱氨酸、赖氨酸含量以及其他氨基酸如谷氨酸、精氨酸、丝氨酸、丙氨酸、苯丙氨酸、异亮氨酸、天冬氨酸和赖氨酸含量相关的 QTL，贡献率在 4.91% 到 17.02% 之间。利用整合图谱 4.0 作为参考图，运用元分析整合了之前研究的 33 个 QTL，获得了 8 个不同连锁群的元 QTL（C1、C2、M、K、O、O、F、G）和 16 个含硫氨基酸（蛋氨酸和半胱氨酸）候选基因。基于 480 个单核苷酸多态性（SNP）标记的图谱，确定了 10 个对氨基酸含量有贡献的 QTL。利用 RIL 群体，采用 98 个 SSR 和 323 个 SNP 标记定位发现了 13 个 Lys/cp、Thr/cp、Met/cp、Cys/cp 和 Met/Cys/cp（粗蛋白含量的氨基酸百分比）QTL。这些基于分离群体的连锁分析的研究结果表明，检测到大量的与大豆蛋白含量相关的 QTL，在大豆 20 条染色体上均有分布，且在遗传背景不同的群体中检测到的 QTL 数量有差异，所在的染色体及其位点不同，检测到的 QTL 对表型变异的贡献程度也存在差异。同时这些 QTL 多与单一或少数几种氨基酸含量有关，且通过低通量分子标记和小群体规模获得，可能导致对这些 QTL 的效应和位置的估计存在偏差，从而降低标记辅助选择（MAS）的效率。若想进一步对目标 QTL 进行图位克隆，仍需进行精细定位。

（三）大豆蛋白组成相关基因克隆

鉴于蛋白合成调控的复杂性，仅有少数几个与高蛋白优异相关的有效基因得到定位克隆验证。研究发现β-结合球蛋白α'-和β-亚基的 C-ter-min 10 残基在大豆子叶细胞中起到了必要的作用。与β-甘氨酸相比，大豆 11S 甘氨酸中存在更复杂的蛋白合成储存机制，11S 球蛋白中包含更多的含硫氨基酸。在缺乏β-结合球蛋白变应原α亚基的近等基因系（cgy-2-NIL）与其复发亲本之间发现了大量差异表达的基因。cgy-2 等位基因来源于与氨基酸质量密切相关的功能等位基因。大豆种子贮藏蛋白的β亚基对含硫氨基酸的平衡及其加工质量具有重要意义。在β亚基含量低的大豆种子中，含硫氨基酸（Cys+Met）显著增加（31.5%），这表明β亚基和硫同化之间存在密切关系，它们共同协调大豆种子蛋白质的合成，发现 MGL（一种推测的蛋氨酸 c-裂解酶）可能负责大豆种子中 S-甲基蛋氨酸的积累。过表达 O-乙酰丝氨酸巯基化酶（OASS）的胞质异构体和质体 ATP 巯基化酶异构体可提高转基因大豆中富含半胱氨酸的蛋白质和含硫氨基酸含量。*Rab5a* 是一个小的 GTPase 编码基因，据报道参与了发育中的大豆子叶中高尔基体后贮藏蛋白的转运。近年来研究发现，*SWEET* 糖转运蛋白通过影响大豆种子的油脂和蛋白质含量，对大豆种子品质起重要作用；*GmSWEET15* 介导从胚乳到早期胚的蔗糖输出；*GmSWEET10a* 和 *GmSWEET10b* 通过影响从种皮到胚的糖分配，从而影响大豆中的油和蛋白质含量以及种子大小。

（四）高蛋白育种研究进展

遗传改良大豆蛋白质的主要方法有两种：一种是使用传统育种方法来提高大豆蛋白质含量或蛋白质质量；另一种方法是借助生物技术手段，以实现大豆蛋白质的定向改良。

1.大豆高蛋白传统育种方法

杂交和诱变育种是高蛋白大豆品种育种中使用的两种主要技术方法。杂交育种是根据大豆蛋白质性状的遗传特征，选择蛋白质含量高的亲本与高产亲本杂交，并结合需改良的目标性状，然后在后代中选择蛋白质含量和产量高的大豆新品种。这是高蛋白质含量大豆品种育种中最常用的方法。诱变育种是通过物理和化学诱变方法提高种质大豆蛋白质含量，将其检测到的高蛋白突变种质作为特殊亲本资源，然后杂交、回交，进行轮回选择。目前借助高蛋白种质资源，利用传统的杂交育种手段，仍然是高蛋白大豆育种最主要的技术手段。

高蛋白大豆育种中的选择过程，同传统大豆杂交选育过程类似，通常采用系谱法、混合法和一粒传法。采用系谱法，可在 F2 代以后进行蛋白质含量高、中、低分组选择，但这样分析蛋白质含量较困难，一般仍在决选品系时才分析蛋白含量。混合法和一粒传法在分离世代时无须进行蛋白质含量选择，保留全部遗传变异群体，对 F5 代~F6 代分析蛋白质及进行选择。

黑龙江省农科院大豆研究所已利用辐射诱变育种和传统杂交育种方法，成功培育了系列高蛋白品种如黑农 48、黑农 88、黑农 91、黑农 92、黑农 98、中龙 608 等，为寒地高蛋白大豆育种和生产提供了优异的资源与品种。

2.大豆高蛋白生物技术育种方法

大豆高蛋白育种的生物技术手段有分子标记辅助选择技术、全基因组选择技术、转基因以及基因编辑技术。分子标记辅助选择技术出现最早，与传统杂交育种相结合，取得了一定成果。分子标记辅助选择，是通过与目标基因紧密连锁的分子标记来判断目标基因是否存在。它在作物育种选择工作中具有许多优越性，既不需要考虑作物生长条件和环境条件，又减少了来自同一位点不同等位基因或不同位点的非等位基因间的互作干扰，这将对通过传统育种方法很难或无法选择的性状作出选择，有利于快速累积目标基因，加速回交育种进程，克服不利性状连锁，达到既省时、省钱又提高育种效率的目的。同时，分子标记育种目标明确，减少了群体种植规模。

1988 年科学家克隆了完整的 Lox-1，2，3 cDNA 序列，随后得到了基因组 DNA 序列。1986 年，Davis 和 Nielsen 研究认为，Lox 的缺失性状分别受 lx1、lx2 和 lx3 单隐性基因控制，其中 lx1 和 lx2 两个基因紧密连锁，它们与 lx3 相对独立遗传。美国培育了 Century 近等基因系和日本 Suzuyuta-ka 近等基因系，日本根据此研究结果，育成了 L-star、Kinusayaka、Ichihime、Toiku243 等 7 个 Lox 完全缺失的大豆新品种，可覆盖日本主要大豆种植区。我国在脂氧酶缺失育种方面，利用分子标记辅助选择技术，也先后培育了中黄 16、五星 4 号、东富豆 1-4 号等脂氧酶完全缺失品种；中黄 18、中黄 31、中黄 46、五星 1-2、绥无腥豆 1-2 号、东农 56 等低腥味的脂氧酶部分缺失品种。中国农科院科学家利用分子标记辅助选择技术将缺失胰蛋白酶抑制剂基因 Ti 导入我国大豆种质，转育成功了无胰蛋白酶抑制剂的大豆新种质，并最终培育了胰蛋白酶抑制剂缺失类型大豆品种中豆 28。

大豆中含硫氨基酸的含量受基因、环境以及基因与环境相互作用的影响。传统育种方法选择效率低，进展缓慢。分子标记辅助选择的使用有利于提高氨基酸含量的选择效率。7S 球蛋白的含量与 11S 球蛋白的含量呈显著负相关关系，因此 7S 球蛋白缺失品种的选育，可提高品种 11S 球蛋白的含量，同时也可提高大豆含硫氨基酸含量。中国学者利用日本品种日 B（7S 球蛋白（α'+α）−亚基双缺失）为供体亲本，以黑龙江省主栽大豆品种东农 47 为受体亲本，并用 SSR 标记辅助选择，选育出大豆 7S 致敏蛋白α'-亚基缺失型低致敏大豆新品种东农豆 358。中国农科院科研工作者在中品 661 的 EMS 突变库中筛选

出 α'亚基缺失突变体中黄 608。这些品种的育成极大地提高了大豆的加工适应性，将在大豆素肉、大豆面条、大豆冰激凌、活性蛋白粉、健康养生保健的等高附加值豆制品加工领域得到广泛应用。

全基因选择技术在大豆蛋白育种上得到一定应用。目前选择具有代表性和多样性的训练群体将与蛋白质含量相关的预测能力提高到 0.92，随着测序技术的进步和对有助于预测准确性的因素的深入了解，全基因组选择有望在选择包括蛋白质含量在内的多基因控制的复杂性状方面显示出优势，未来在提高大豆蛋白含量育种上会提供更多助益。

对蛋白质含量相关基因的克隆有利于特定基因的靶向修饰和大豆蛋白质的改良，随着对更多与蛋白含量相关基因的挖掘和解析，更多的基因可直接应用于大豆蛋白育种。研究者利用转基因的方法将 Dap A 和 Lysc 基因分别连接叶绿体导肽和种子特异性启动子后，导入油菜和大豆，结果种子中赖氨酸含量增加了 1~4 倍。科学家用分子生物学方法沉默了基因，创制了大豆新品系 LR33、Gm-lpa-TW-1，其种子中的植酸含量大大降低，与野生型亲本相比，Gm-lpa-TW-1 的种子植酸含量降低了 50%以上。这些研究和遗传材料的创造为利用现代基因编辑技术提高大豆蛋白质质量和育种饲用大豆品种提供了参考和借鉴。

第四节　寒地高蛋白大豆的生产现状与发展趋势

一、高蛋白大豆的生产现状

（一）我国大豆生产现状概况

大豆具有蛋白质食物原料、油料、饲料三重属性，是我国重要的粮食作物之一。中国是世界大豆主产国之一，是世界最大的大豆消费和进口国，2020 年种植面积 1.48 亿亩，总产 1960 万吨，占全球的 5.4%，消费量却占世界总产的 1/3，国产大豆供给不足，进口量逐年增加，由 2000 年的 2934 万吨，增长到 2020 年 1 亿吨，年均增长 6.0%，进口依存度达到 85%，严重影响我国大豆产业的安全，见图 1-1。

图 1-1　2000~2020 年中国大豆总产量

（二）黑龙江省大豆生产概况

黑龙江省地处我国高寒地区，主要位于松辽平原和三江平原，是世界三大黑土分布区之一，耕地面积辽阔、地势平坦、土壤肥沃，利于豆科植物吸取营养，具有生态、区域和经济三大优势。黑龙江省是中国大豆主产区，是中国最重要的食用大豆生产、商品供给基地，面积总产均约占全国的半壁江山，肩负着保障国家大豆食品安全的重任。

大豆是黑龙江省优势作物，种植面积全国最大，年种植面积 6500 万亩左右，2020年达到了 7248.13 万亩；大豆总产量全国最高，年总产量 600 万~800 万吨，商品量与供给量 400 万~500 万吨，2020 年黑龙江省大豆总产量达到 920.3 万吨，占全国总产量的 47%；种植范围全国最广，从北纬 44°04′到 51°03′近 7 个纬度，遍及各积温带；优质绿色生产优势最强，蛋脂含量（40%、20%）配比合理，为绿色产品，既可食用又可油用；审定推广品种最多，育种优势强，生产应用的全部为自育品种，占比 100%。

（三）黑龙江省高蛋白大豆生产现状

黑龙江省目前种植的大豆品种 250 多个，高蛋白的品种不足 30 个，从黑龙江省农业农村厅提出的《黑龙江省 2022 年优质高效大豆品种种植区划布局》推荐的品种来看，黑龙江省全域推荐的主推品种有 42 个，高蛋白品种仅 7 个，占比 16.7%，高蛋白大豆品种的生产应用率偏低。虽然黑龙江省少数高蛋白品种种植面积较大，如第四积温带的黑河 43、第二积温带的黑农 48、黑农 84 等，但仍不能完全满足高蛋白大豆生产发展与加工、消费等需求。

黑龙江大豆生产中，从某些单一品种看，大豆蛋白品质可达二级，但品种的混种混收降低了商品大豆的品质。2020年对黑龙江省生产上应用的主栽大豆品种抽样调查发现，大豆粗蛋白质平均含量为40.03%，变异幅度为36.05%~44.38%，详见表1-3。按蛋白质比较，黑龙江和巴西大豆粗蛋白的含量相当，分别为40.26%和40.03%（干基），其次是乌拉圭、美国和俄罗斯大豆，粗蛋白质含量最低的为阿根廷大豆，平均含量为38.73%（干基）。相对于进口大豆，黑龙江大豆有食品加工的优势，但对于高蛋白大豆的加工需求来说，黑龙江大豆综合品质需要进一步提升。

表1-3　2020年黑龙江省生产应用的主栽大豆品种蛋白含量调查表

蛋白含量	等级	数量	占比
≥44.0%	1	2	1.82%
≥42.0%	2	10	9.09%
≥40.0%	3	49	44.54%
≤40%	其他	49	44.54%

纯品种区域化种植生产，对保持高蛋白大豆的品质至关重要，是提高黑龙江商品大豆品质和产品附加值最有效的措施，可实现高蛋白品种区域化种植、纯品种收购加工，发挥好寒地现有高蛋白大豆品种的优势；能够进一步加快培育更多高蛋白高产品种，为促进龙江大豆产能提升，保障食用大豆高质量安全供给提供科技与生产支撑。

二、高蛋白大豆生产的发展趋势

国务院办公厅发布的《中国食物与营养发展纲要（2014—2020年）》中指出，我国人均每日蛋白质摄入量78克，其中，优质蛋白质比例占45%以上。大豆营养丰富而全面，是人类优质蛋白质的重要来源，大豆蛋白中富含各种氨基酸，是为数不多能取代动物蛋白的理想营养佳品之一。发展国产食用大豆产业与国际进行错位竞争是目前国家的重要决策之一。因此，只有提高大豆蛋白含量，提升大豆蛋白组成配比，进一步提高大豆蛋白质量，培育营养功能型大豆品种，才能更大发挥国产大豆食用性的优势。

随着社会经济发展，人们对高质量蛋白组分的需求越来越高，因此改变大豆蛋白组分，提高大豆蛋白质量显得更为重要。育种家们未来研究重点，是进一步培育高蛋白大豆，提升专用大豆品种产量；培育脂肪氧化酶（Lox）缺失大豆品种；培育胰蛋白酶抑制剂缺失大豆品种；培育高含硫氨基酸品种，提升大豆11S/7S比例大豆，提升大豆蛋白中必需氨基酸含量与比例。大豆蛋白组成或者氨基酸组分方面由更多基因控制，受更复杂的网络调控，因此在提升蛋白含量或者功能组分方面取得突破，培育营养功能型大豆品种，必须借助现代生物育种技术才能实现。提升大豆蛋白质量，培育营养功能型大豆品种将是高蛋白大豆生产的发展需求和未来趋势。

第五节 寒地高蛋白大豆加工现状与发展趋势

我国是"大豆之乡",中国大豆消费量约占全球总量的1/3,国产大豆豆制品加工占40%,压榨占25%,蛋白加工占18%,直接食用占17%。在大豆加工产业现代化的新时代,生产原料的专用化、优质化和供给稳定化已成为大豆市场竞争的必然趋势。由于大豆蛋白质的营养价值高、资源丰富、原料成本低,同时具有与食品的嗜好性、加工性等相关联的多种功能特性,大豆被广泛用于制作各种豆制品、榨取豆油、酿造酱油以及提取蛋白。本节综述了我国大豆蛋白加工的发展现状,并在此基础上分析了今后我国大豆蛋白加工业的发展趋势。

一、高蛋白大豆的加工现状

我国有悠久的豆制品加工历史。早在两千多年前,淮南王刘安发明了豆腐。近年来,随着中国植物蛋白应用市场的日益扩大,尤其是肉类制品行业应用量的迅速增加,国内纷纷投资兴建大豆分离蛋白加工厂。目前,全国2000多个县市都有豆制品加工企业,崛起了一批以北大荒和山东禹王为龙头、具有国际竞争力的大豆蛋白加工企业。

（一）传统大豆制品加工现状

传统大豆制品加工主要有发酵豆制品加工和非发酵豆制品加工。发酵豆制品加工是以大豆为原料,经过微生物发酵生产具有独特风味的豆制产品,最典型的代表有酱油、豆酱、腐乳、豆豉、纳豆等。非发酵豆制品加工是采用非生物手段处理豆类,实现改变其形态与营养价值的目的,如豆腐、豆浆、豆奶、豆干、素肉等。传统豆制品加工的生产方式可分为手工作坊式、单机组合式与配套生产线式三种。手工作坊式加工企业多分布在广大乡、镇、村。单机组合式加工企业基本上分布在县、镇。配套生产线式加工企业基本分布在全国大中城市。

海天是中国最大的专业调味品生产企业,引进国外成套科研检测设备,海天酱油系列产品在国内占有很大的市场。黑龙江省的北大荒集团是我国现代化农业的领先企业,在大豆加工方面有一系列产品,出产的豆制品种类繁多、口味纯正。丰益食品工业有限公司是黑龙江省大豆豆渣、豆皮的重要生产与销售企业。宝泉酱业公司是我省专业生产优质大豆酱、优质酱油等大豆制品的农业产业化重点企业。黑龙江省克东腐乳有限公司主要生产和经营发酵性豆制品、调味品，是闻名全国的生产腐乳的专业骨干企业。穆棱市凯飞食品有限公司研发的大豆经深加工做成的风味豆制品有：豆筋面、素肉、素鸡、素火腿等，产品远销全国各地。黑龙江省北大荒绿色健康食品有限责任公司以大豆蛋白固体饮品、大豆金品系列、豆浆粉系列、速食豆花粉系列、餐饮原料粉系列、有机产品系列等7类80多个产品畅销全国，并出口到韩国、东南亚各国、欧盟等多个国家和地区。

（二）新型大豆蛋白制品加工

随着科学技术的发展，出现了多种新型大豆蛋白制品。这类制品分为粉状大豆蛋白和组织化大豆蛋白，主要有豆粕、豆饼、乳清蛋白、蛋白饮料、蛋白添加食品、全价膨化饲料、浓缩蛋白、组织蛋白、大豆肽、蛋白粉、分离蛋白、水解蛋白、脱脂豆粉等。

黑龙江汇福粮油集团利用自主研发专利技术，进行大豆深加工，生产大豆食品级大豆肽、大豆磷脂等高科技保健产品。山东禹王集团是全国规模最大的蛋白原料和分离蛋白生产基地，其旗下黑龙江省克东禹王大豆蛋白食品有限公司主要经营低温食用豆粕、食用大豆粕、食品工业用大豆蛋白等。黑龙江省九三集团旗下的九三食品公司主要生产食品添加剂、食用豆粕、豆饼粉等多种大豆蛋白产品。

（三）大豆蛋白加工存在的问题

近几年我国的大豆深加工产业取得了良好的成绩，但我国大豆加工企业在大豆深加工的品类、技术、装备等方面仍与世界先进水平有较大差距。国产大豆加工大多是小作坊形式，我国大豆精深加工的企业占比仅为22%，企业生产没有标准化。新型加工产品也仅停留在蛋白质粗加工阶段，造成大豆原料的严重浪费，同时还存在产品品质不稳定的现象。由于标准化程度较低，农民混种混收，导致大豆的品质参差不齐、加工专用性不强，致使精深加工的大豆产品品质也很不稳定。原料提供基地、生产加工基地之间的结合不紧密，加工过程中的副产物不能充分利用。

国内大豆加工生产技术还有更大的提升空间。我国大豆蛋白产品品种相对单一，应用领域窄，产品附加值低。高端大豆蛋白制品如活性蛋白粉、水解蛋白粉等偏少。国产大豆在精细化工、医药、保健、美容等领域的开发应用滞后。

二、高蛋白大豆加工的发展趋势

我国在大豆蛋白加工方面与发达国家相比还存在很大差距，其技术和能力还需进一步提升。总结借鉴国外的先进技术和成熟经验，是推动我国大豆蛋白加工产业良好发展的最佳办法。

（一）大豆品种加工专用化

在原材料的应用上，不同品种大豆的加工适用性是未来发展应用考虑的重要方向，要推动专用大豆选育、精准种植和精准加工的联合发展。近年来推出了一些专用品种，如黑龙江省大豆科研所现已培育出了优质、特用等系列品种，包括高蛋白大豆（黑农48、黑农88、东农252等）和特色豆浆豆（黑农69等）可用作大豆蛋白加工原料使用。一些加工企业也逐渐认识到品种"专用化"的问题，开展与原料基地的合作，如上海清美食品公司、永和公司均在东北开发了自有的种植生产园区，实施订单农业。

（二）精深加工一体化生产

从国际大豆产业的布局看，大豆加工厂一般设在大豆主产区，种植与加工结合紧密，企业有稳定的基地，既可减少企业原料收购运输产生的成本，还能形成产业链的良性循环。因此，国内的加工企业可以借鉴，在引导农户种植发展高蛋白大豆品种的基础上，通过与大豆主产区农户的对接，形成"企业—基地—农户"联合体，建立稳定的高蛋白大豆生产基地，以保证企业原料的供应充足。

（三）加工规模化和集团化

拉动大豆产业逐步向规模化、大型化、自动化发展，是促进大豆蛋白加工产业发展的必然趋势。由于大豆初级加工产品及其分离出的副产品，进入再加工程序后可以增加大豆产品的附加值，所以规模经济在大豆精深加工中体现得较明显。如果大豆加工企业做好集团化运营，可以较好地解决加工中各种大豆产品在生产过程中的衔接问题。为了保证我国大豆蛋白制品供应的安全与稳定，建议政府扶植一些内资企业以振兴国产大豆产业，通过指导企业布局规划，壮大大豆精深加工产业。在加快我国规模化和集团化的进程中，企业应尽快形成能与国外大型大豆企业进行公平竞争的能力。

（四）大豆产品的功能化

在大豆全产业链加工领域中，大豆深加工技术的整合提升、智能化装备应用及产品开发均是有效提升大豆蛋白加工的有效手段，也是未来发展的关注重点。大豆产品的种类单一、同质化问题严重，其产品的种类以及生产加工的可持续性均需进一步提升。鼓励科研部门和企业研发新的大豆功能化蛋白制品，如儿童食品中可以添加一定量的全脂大豆粉、蛋氨酸、维生素和矿物质，制成专用营养食品；还可以用大豆蛋白制成软干酪和硬干酪，满足特殊人群的需求。国外已采用改性技术生产出多功能、专用型大豆蛋白产品。对大豆浓缩蛋白进行化学、物理和酶改性，可进一步广泛应用于婴幼儿食品、乳制品等方面，这也是大豆蛋白重要的发展方向和企业关注的热点。

第二章　寒地高蛋白大豆育种技术

育种是培育和生产高蛋白大豆最有效的手段。随着人们生活水平的提高，对蛋白质的需求量越来越大，大豆高蛋白育种已成为育种家关注的焦点。植物的许多农艺性状和生理生化代谢都是由多基因调控的，育种是对控制产量、品质和抗逆性等多个目标性状的基因进行聚合和选择的过程。

大豆起源于中国，有 5000 多年的栽培历史，国人很早就采用留优汰劣方法改良大豆品种。育种是一个不断创造变异、选择变异的过程，是一门科学，也是一种艺术，既需要理论指导，也需要实践经验。随着科技的进步，育种技术也在不断发展，从传统的系统选择、杂交育种到诱变育种、多基因聚合育种，发展到基因编辑、转基因等生物育种技术的应用，为作物品种的改良提供了有效的方法。但是，杂交育种始终是育种家最广泛使用的方法，有性杂交是获得变异最有效的方式。目前，黑龙江省的大豆育种工作是以品种间有性杂交育种为主，并在与诱变育种、高光效育种和多基因聚合育种、转基因育种等方法相结合的育种实践中，积累了育种经验，丰富了育种成果。

回顾寒地大豆育种历史，不难看出每一次育种理论、技术方法的改进与品种资源的创新发展，都会对大豆产量和品质提升做出贡献。本章对黑龙江省大豆育种常用的技术方法与实践过程加以总结归纳，以期为寒地高蛋白大豆育种提供参考。

第一节　杂交育种技术

大豆杂交育种是依据孟德尔自由组合定律，通过人工杂交的方法将父本母本进行有性杂交，形成不同的遗传多样性，再对杂交的后代进行筛选，获得具备父母本的优良性状，从而培育出更高品质的优良大豆。杂交方式决定育种成效，常用的杂交方式有单交、复交和回交等，不同杂交方式对后代的遗传效应不同。大豆中许多有益的经济性状属于较复杂的数量性状，受多基因控制，而杂交育种主要是通过基因的重组使性状互补和累加，再累加出现超亲后代。使杂交育种成为大豆育种试验中最有效的方法。

一、育种目标

大豆后代要根据预定的育种目标进行选择。每一个杂交组合的配制可以从生育期、倒伏性、产量性状、品质性状及抗病耐逆性等育种目标进行综合考量。

（一）生育期

大豆生育期是育种与栽培最重要的一个生态性状，一个能够被长期推广的品种首先要生育期适宜。品种生育期的选择标准是，既要充分利用生长阶段的气候条件，发挥产量潜力，又要保证霜前能够正常成熟。

（二）抗倒伏性

抗倒伏性是大豆的一个重要性状，其表现受本身特性、气候、土壤和栽培条件等多重因素影响。大豆品种特性是影响倒伏的最根本因素。在大豆品种选育时要重点考察品种的茎秆强度，以在种植密度、施肥量、水分供给等综合良好的条件下秆强的品种为目标，提高选育品种的抗倒伏能力。

（三）产量性状

高产稳产是大豆最重要的育种目标，影响大豆产量构成的因素包括株型和经济产量因子。好的株型能够提高光合利用效率，前人依据大豆不同的生态适应区将理想株型设为三种：半矮秆耐密植亚有限或无限结荚习性品种；株型紧凑匀植亚有限结荚习性品种；多分枝稀植无限结荚习性品种。理想株型与光能利用率密切相关，各种类型大豆品种都可能创造高产。经济产量因子包括单株荚数、单株粒数及百粒重等，直接影响大豆产量构成。

（四）品质性状

大豆籽粒品质分为外观品质和内在营养品质，其中外观品质包括粒形、籽粒大小和色泽。大豆育种家对大豆外观品质遗传改良关注较早。普通商品大豆中籽粒大、色泽黄、颗粒饱满的较受消费者欢迎。同时，大豆加工中，小粒豆也有一定的需求空间，如加工豆芽、纳豆就需要小粒豆类型。

大豆内在营养品质包括蛋白含量、脂肪含量及功能因子强化等。大豆是重要的油料和蛋白质来源，提高大豆籽粒蛋白质含量及脂肪含量是大豆品质育种的主要目标。东北大豆的高蛋白育种目标是蛋白质含量达到 44%，高油育种目标是脂肪含量达到 22%，高产大豆的品质目标是蛋脂和达到 59%~60%。另外，随着人们健康意识的增强，高蛋氨酸、高油酸、高大豆异黄酮含量、高维生素含量强化，及糖类、膳食纤维、矿物质等营养成分含量构成优化也受到育种家的关注。

（五）抗病性

大豆的生长发育过程会受到多种病害的危害，如花叶病毒病和灰斑病、胞囊线虫病、根腐病等。根腐病是一种危害严重的大豆病害，大豆生长各时期均能发生，会造成种子或植株腐烂坏死。大豆花叶病毒易引起大豆花叶坏死。这些病害的发生影响了大豆的生长发育，会造成大豆大面积减产。有时多种病害还常常同时发生或相继发生，这都给大豆生产带来很大危害。利用抗病品种防治大豆病害是最经济、环保且有效的方法。

（六）耐逆性

非生物胁迫也是影响大豆种植面积和产量变化的重要因素，干旱、低温和盐碱是最常见的胁迫。大豆是需水量比较多的植物，尤其是在开花结荚期，干旱会造成落花落荚，导致瘪荚或者瘪粒，造成严重减产。低温是影响大豆发育的环境因素，苗期低温会延缓大豆发育，花期低温会造成顶部花荚发育不良，鼓粒期低温则造成鼓粒不良。栽培豆耐盐性适中，盐碱类伤害会降低大豆种子的萌芽率，并抑制根瘤的生成，当盐碱浓度达到一定阈值时，大豆产量就会明显降低，对耐盐碱品种的筛选是应对盐碱土壤危害的一个有效措施。因此，培育耐逆能力强的大豆品种是大豆稳产、广适应的必要保证。

二、技术方法

杂交育种的原理是基因重组，通过基因分离、自由组合，分离出优良性状或使各种优良性状集中在一起。所以，选择优良的父、母本是至关重要的，要根据育种目标、对亲本性状的了解以及大豆主要性状的遗传规律来对杂交后代进行选择。

（一）亲本选择与杂交组合配制

选配亲本是杂交育种的关键基础。为正确选用亲本，必须掌握大量的原始材料并深入了解其特性。亲本选配的原则一是要亲本远缘（地理远缘或遗传基础远缘），优势互补；二要选用综合性状优良的主栽品种为骨干亲本（受体），具有互补优良性状的品种资源为供体；三要按育种目标进行亲本熟期的搭配；四要以优质高产为主要目标，选择的亲本之

一必须具备目标性状。具体要求如下

1.熟期要求

亲本的熟期对杂交后代的熟期有明显的制约作用。对于适宜当地熟期的杂交组合，组配方式有几种，可选用当地熟期适宜的主推品种作为亲本之一，另一个亲本用略早熟或略晚熟的品种；也可以选用中早熟品种与中晚熟品种杂交；或用早熟品种与另一晚熟品种杂交；或用两个适于当地种植的品种杂交。如果育种目标是选择早熟品种，可以用当地熟期适宜的主推品种作为亲本之一，另一个亲本选用早熟品种配制组合。

2.丰产性要求

尽量选择两个高产品种，并考虑其他优良性状和适于当地的生态类型。株型的优劣是大豆高产稳产的关键，也是需要重点选择的指标。主要包括株高、分枝数及其长度和角度，叶片的大小、形状、层次分布及调位性，叶柄的长度及角度等诸多性状。同时还要考虑节数、荚数、粒数等经济产量因子，同时，还可选用粒茎比系数高和光合效率高的做亲本。

3.品质性状要求

一般选择双亲蛋白含量或含油量均高的亲本，或者其中一个亲本蛋白含量或含油量高，另一个亲本综合性状优良。但对于品质这些数量性状，也有育种家从亲本均为中高的组合中选育出超亲的高蛋白或高油品种。对长期目标，要求亲本选配的范围广泛，从栽培大豆到野生大豆，以及引用黄淮、南方或国外高蛋白或高油大豆品种资源等。

4.抗病性要求

针对当地发生的病害种类，利用人工接种或种植感染行接种法筛选抗源，利用抗病的亲本为父本与高产感病品种为母本进行杂交，再用高产品种为轮回亲本与其进行回交。

（二）杂交后代的选择方法

1.选择方法

杂交创造的变异材料要进一步加以培育选择，才能选育出符合育种目标的新品种。大豆杂交后代的选择方法主要有系谱法、混选法和单粒传法。

（1）系谱法：系谱法是自杂种分离世代开始连续进行个体选择，并予以编号记载直至选获性状表现一致且符合要求的单株后代，按系统混合收获，进而育成品种。在选择过程中，各世代都予以系统的编号以便于查找系统历史与亲缘的关系。

系谱法的优点：后代基因型稳定的速度比较快，容易根据表现性状追溯亲本来源，便于系统地了解世代间的关系及优中选优。

系谱法的缺点：在 F2 代即开始选择，许多有关产量的性状尚处于分离状态，遗传力低，不可避免地会损失一部分优良基因，影响选择效果。

（2）混合法：混合法是从杂种分离世代 F2 代开始各代都按组合取样混合种植，不予选择，只淘汰明显的劣株，直到群体中纯合体频率达到要求或有利于选择时（如病害流行或某种逆境条件，如干旱、冻害严重年份），才开始选择一次单株，下一代种成株行，从中选择优良株系，然后选拔优良株系升入比较试验。

混合法的优点：方法简单，节省人工和土地。由于杂种早代不进行选择，可保留许多有利基因以增加重组机会，而且可以同时处理较多的杂交组合，增加了成功机会，杂种群体经过自然选择淘汰其中的劣者，增强了群体适应性。

混合法的缺点：在一个世代内，众多的目标性状只能依靠自然选择，进展较慢，且无系谱资料查考；混合种植必然会因株间生长竞争而带有一定数量的不良基因型，混种和单种植株的表现可能不一致；自然选择有时与育种目标相矛盾，削弱竞争力。

（3）单粒传法：单粒传法也叫"一粒传"法，其过程是：从杂种分离世代开始，每代每株收一粒种子混合种植，组成下一代群体，如此进行数代，群体始终保持同一规模，纯合程度达到要求时（F4 代及其以后世代）再按株收获，下年种成株行，从中选择优良株系，进行产量比较。单粒传法选择的后代群体实际上是由一个个重组纯合单株组成的，这些单株基因型各不相同，但都是纯合的，能够稳定遗传，世代保存。所以，这种群体也叫重组自交系群体。

单粒传法的优点：避免了自然选择和株间竞争，保留了所有或绝大部分 F2 代单株的后代，最后每个株系代表着一个 F2 代植株；从 F2~F4 代系内加性遗传方差急剧下降（每一个系只有一株），系间加性遗传方差显著增加，大大增强了最后一次进行株系选择的把握性；早代基本上不进行选择，每株只取一粒种子，能在温室或异地进行加代繁殖，一年繁殖两三代，可缩短育种周期 1~3 年，节省人力物力。

单粒传法的缺点：F3 代及以后各代缺乏系内选择，使 F2 代单株后代难以进一步提高，所以要求杂交组合的性状水平要高；F3 或 F4 代不能进行田间评定，不利于抗逆性等性状的选择；实际工作中，难以保证每一粒种子播种后都能正常生长发育直至结出种子，从而会导致某些优良基因丢失。

2.杂交后代的选择

（1）早期世代确定重点组合：在杂交后代的选择上，主要是根据育种目标和对性状的了解，以及主要性状的遗传规律来进行。选择原则是在组合配制较多时，早期世代（F2 或 F3）确定重点组合并淘汰不符合育种目标的组合，有目的地扩大重点组合的群体规模，优中选优。育种实践也表明，早期世代确定重点组合进行重点选择和培育可以达到事半功倍的效果，一般优良品系大部分出自少数优良组合。对重点组合每年除了调查田间生长情况外，还要重点观察其病虫害的发生情况、丰产性和其他性状的表现。符合育种目标的重点组合，每年均要多选一些材料，每株系中选 10 株左右，上下世代结合观察至 F5 或 F6 代，一般决选一个品系，对于重点组合表现优异的则决选较多的株系。通过室内考种后淘汰一部分，其余均参加第二年的产量鉴定试验。

（2）品质性状的选择：选育高蛋白或高油品种应与高产品种结合起来，在一定单位面积上提高蛋白或脂肪产量。如果采用系谱法，要在 F2~F5 代进行蛋白质和脂肪含量高、中、低分组选择。混合法和单粒传法在分离世代无须进行蛋白质和脂肪含量选择，保留全部遗传变异群体，在 F5~F6 代对行分蛋白质及脂肪进行分析选择。

由于品质性状在田间选择较为不便，因此育种家就大豆蛋白质含量与大豆田间性状表现做了相关性研究。邱丽娟等研究蛋白质含量与生育前期、生育后期及生育期长短的相关性，结果表明，不同环境条件下蛋白质含量与生育时期长短的相关性各异，大豆高蛋白育种不宜以生育前期、生育后期以及全生育期的长短作为间接选择性状。另外，由于组合间蛋白质含量与形态性状的相关性各异，故不宜以其形态性状作为蛋白质含量的间接选择性状。王曙明利用东北大豆资源划分不同生育期组，分析了蛋白质与生育日数、生育前期及生育后期长短的相关性，与以上结果不同的是，除晚熟组外，所有生育期组内蛋白质含量与前期生育日数基本呈显著或极显著的正相关，而与生育后期长短则基本为显著或极显著负相关。因为蛋白质含量与大豆田间性状表现相关性不确定，育种家还是要以蛋白质含量的直接测定为主进行选择。

（3）抗病性状的选择：抗病性的遗传属于质量性状遗传，一般在早期世代即能分离出抗病的个体。由隐性基因控制的抗病杂交组合，在 F2 代能分离出少数同质结合的抗病个体，所以在 F2 代选择有效。如由显性基因控制的杂交组合，因为 F3 世代大部分仍在分离，只少部分出现抗病个体，需要在 F4 代才能筛选出抗病个体。研究表明大豆灰斑病调控位点为显性，控制灰斑病的基因数量较少，后代分离较简单。对这种抗病后代的选择，F1 均表现抗病，不需接种和选择。F2 代抗病性分离，抗病个体多于感病个体，应进行抗病接种鉴定，并结合熟期、株高、单株荚数等与产量相关性状选择抗病单株。F3 代着重选择抗病、早熟、丰产性好的优异单株。从 F3 代抗病株系入选的单株，在 F4 代抗病性表现一致；从 F3 代抗病性分离的株系中选择的单株，抗病性大部分仍在分离。由于抗病性连续选择的结果，在 F4 世代抗病的个体增多，因此可在大量的抗病群体中着重进行丰产的选择。

（4）其他性状的选择：在育种实践中系谱法应用得最多，此法便于系统地了解世代间的关系及优中选优。黑龙江省大部分育成品种是采用此法育成的。其次采用混合个体选择法，方法简单，效率较高。一般育种家为缩短育种年限，采用南繁北育的育种方式。为了适应南北种植的条件，采用混合选择与系谱选择相结合的方法，在北方种植，采用单株选择，在海南进行株系种植，株系内摘荚混收。

不同性状的遗传力高低不同。在杂种早期世代往往又针对遗传力高的性状进行选择，而对遗传力中等或较低的性状则留待较晚世代进行。杂种早代材料多，一般采取感官鉴定。晚代材料少，再作精确的全面鉴定。试验条件一致性对提高选择效果十分重要。为此须设对照区，并采取科学和客观的方法进行鉴定，包括直接鉴定、间接鉴定、自然鉴定或田间鉴定、诱发鉴定或异地鉴定。杂交育种一般需 7~9 年时间才可能育成优良品种，现代育种都采取加速世代的做法，结合多点试验、稀播繁殖等措施，尽可能缩短育种年限。

三、标志性品种（品系）选育

黑龙江省农业科学院大豆研究所育种团队通过杂交育种实践选育了一大批不同生态类型的"黑农号"大豆品种，如高产耐肥水类型品种（黑农 51、黑农 68、黑农 69、黑农 81 等），抗旱耐轻盐碱类型品种（黑农 44、黑农 52、黑农 64、黑农 93、黑农 94 等），高抗灰斑病类型品种（黑农 33、黑农 80、黑农 86 等），高抗花叶病毒病类型品种（黑农 39、黑农 40、黑农 84、黑农 91 等），高脂肪高产类型品种（黑农 44、黑农 64、黑农 68、黑农 69、黑农 81、黑农 89、黑农 93 等），高蛋白高产类型品种（黑农 35、黑农 48、黑农 54、黑农 82、黑农 88、黑农 98、黑农 511 等），高光效高产类型品种（黑农 39、黑农 40 和黑农 41 等）。下面就以两个高蛋白高产品种黑农 48 和黑农 98 为例，阐述杂交育种的品种选育过程。

（一）黑农48

黑农 48 是黑龙江省农业科学院大豆所以黑农 40 为母本，以绥 90-5888 为父本杂交，采用高光效育种方法选育而成的。品种兼具高蛋白、高产、多抗、广适应性的特点，2004 年在黑龙江省审定，审定编号为黑审豆 2004002。2011 年在吉林省认定，认定号为吉审豆 2011021。

黑农 48 的高蛋白特性来源于多个优异种质资源高蛋白基因的不断累加，是杂交育种与高光效育种结合选择的典型成功案例。

1.选育背景

21 世纪初期，作为中国大豆主产区的黑龙江省，大豆平均单产不足 110 千克，高蛋白品种更是匮乏，为满足产业发展需求，解决提高大豆产量、品质提升的问题，黑龙江省农业科学院大豆研究所将高蛋白、高产、抗病列为重要的育种目标进行攻关，黑农 48 是该目标研究的标志性成果。

2.选育方法

（1）亲本选择：黑龙江省农业科学院大豆研究所1995年根据育种目标选择高光效、高产、中高蛋白、抗病的黑农40为母本，以综合性状优良的较高蛋白品系绥90-5888为父本，按高产、优质型×较高蛋白、综合型的组配方式进行杂交，构建分离群体。因两亲本遗传基础丰富，含有国内外30余个种质资源，如丰收10、绥农4、铁丰25、美国的Amsoy、日本的十胜长叶等优异基因，所以后代变异非常广，黑农48的高蛋白性状是祖先亲本基因重组后，高蛋白基因不断累加，经后代的有效选择获得的。如图2-1。

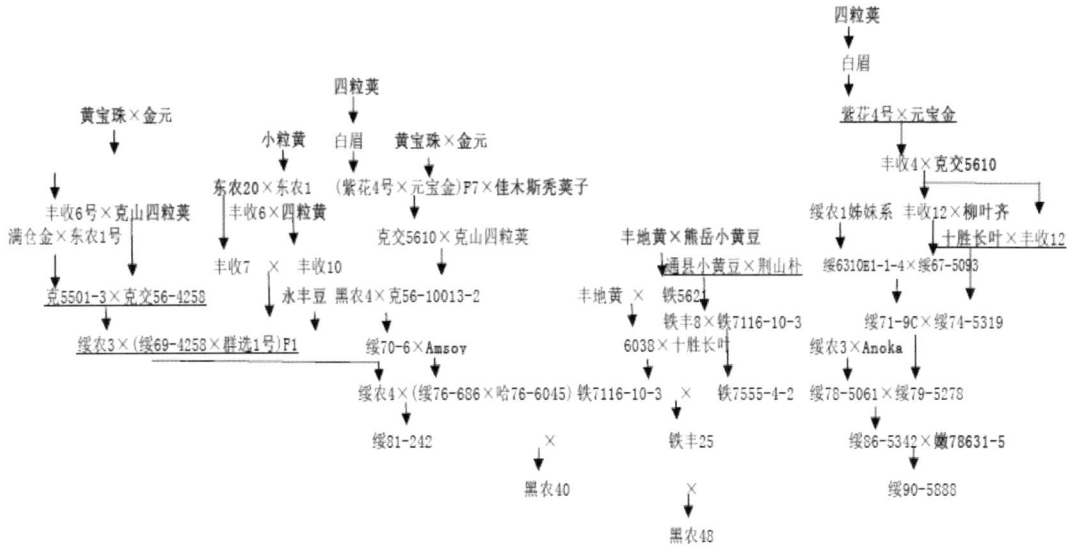

图2-1 黑农48的系谱图

（2）后代选择：大豆蛋白质的遗传力为0.39~0.95，无论是单交、复交或者三交组合，蛋白质含量的遗传力均较高。在F1代，调查农艺性状去除伪杂种后混收。在F2代，于R3、R5、R6时期采用Li-6400便携式光合仪进行光合指标测定，拔取光合效率高、抗病、秆强、丰产性好的单株进行室内考种、测定蛋白含量，选优去劣；F3~F4代于R3、R5、R6时期进行光合指标测定，依据光合效率、抗病性、抗倒伏性，进行单株选择。选择大约50株，进行室内考种，测定蛋白、脂肪含量、单株粒重和百粒重室内选择。1998年将F5代按照株行种植，对株行进行品质、抗病性和产量鉴定，决选出综合性状优良的品系98-3958。1999~2000年参加黑龙江省农科院大豆所产量鉴定试验，2001~2002年参加黑龙江省第二积温带东部区区域试验，2003年参加黑龙江省第二积温带东部区生产试验。

（3）产量测试：1999-2000年哈尔滨进行产量鉴定，两年平均公顷产量2625.75千克，平均较对照黑农37增产5.2%，见表2-1。

表2-1 黑农48在哈尔滨产量鉴定试验结果

年份	公顷产量（千克）	增产比（%）	对照品种
1999	3122.6	17.8	黑农37

	2000	2128.9	−7.49	黑农 37
	平均	2625.75	5.2	

2001~2002 年参加黑龙江省 4 区区域试验，两年平均公顷产量 2620.5 千克，平均较对照增产 7.4%，2003 年参加黑龙江省 4 区生产试验，平均公顷产量为 2600.0 千克，平均较对照绥农 14 增产 12.04%，见表 2-2。

表 2-2　黑农 48 在黑龙江省区域试验和生产试验结果

试验类别	年份	公顷产量（千克）	增产比（%）	对照品种
区域试验	2001	2774.8	9.7	合丰 25
	2002	2466.2	5.1	绥农 14
	平均	2620.5	7.4	
生产试验	2003	2600.0	12.04	绥农 14

（4）品质测试：2000~2003 年经农业部谷物及制品质量监督检验测试中心（哈尔滨）分析，黑农 48 平均蛋白质含量为 44.71%，脂肪含量为 19.05%，见表 2-3。

表 2-3　黑农 48 品质分析结果结果

年份	蛋白质含量（%）	脂肪含量（%）
2000	45.35	19.40
2001	45.14	8.62
2002	45.23	18.43
2003	43.10	19.76

（5）抗病鉴定：经黑龙江省品种审定委员会指定单位接种鉴定黑农 48 抗大豆病毒病 1 号株系，中抗大豆灰斑病。

（6）品种特征特性：黑农 48 株高 90 厘米，紫花，长叶，亚有限结荚习性。荚微弯镰形，成熟为褐色。籽粒圆形，种皮黄色，有光泽，脐黄色，百粒重 23 克。脂肪含量 19.05%，蛋白质含量 44.71%。接种鉴定中抗大豆花叶病毒病和灰斑病。在适应区生育日数 118 天，所需活动积温 2380℃。适合黑龙江省第二积温带种植。

（7）黑农 48 的蛋白品质：黑农 48 蛋白质含量 44.71%，脂肪含量 19.05%，蛋脂总和为 63.76%，达到国家一级蛋白大豆标准，比黑龙江省商品大豆平均蛋白质含量高 4~5 个百分点。黑农 48 的水溶性蛋白是 34.4%，其豆乳质量得率较高，豆奶加工特性优良，蛋白浓度达到 4.00% 以上，可用于工业化生产豆奶，节约成本，提高收益。用黑农 48 制备的豆乳相对较甜、豆香味浓郁，豆腥味较淡。黑农 48 豆腐得率高，保水性和含水量高且硬度和咀嚼性低，其豆腐口感较为软嫩，适宜工业化生产加工豆腐，黑农 48 作为大豆食品和豆浆豆的专用品种已被广泛利用。

图 2-2 黑农 48 成熟群体和籽粒

3.黑农 48 的遗传解析

通过对黑农 48 的亲本进行遗传解析，发现了其遗传亲本的贡献率，见表 2-4，核基因由祖先亲本白眉、四粒黄、克山四粒荚、十胜长叶、佳木斯突荚子、平地黄、熊岳小黄豆及 Anoka、Amsoy 等品种提供，细胞质由四粒黄提供。祖先亲本多次参与了遗传基础的构建，其中，黄宝珠与金元杂交选育的姊妹系满仓金和元宝金应用了 10 次；紫花 4 号（白眉）先后应用了 8 次，平地黄和克山四粒荚分别应用 4 次，十胜长叶、永丰豆和佳木斯突荚子各应用 3 次。在保留了高蛋白基因的基础上逐步剔除不良的基因，奠定了高蛋白的遗传基础，见表 2-4。

表 2-4 黑农 48 祖先亲本核遗传贡献率

亲本	应用次数	核遗传贡献率（%）	蛋白质含量（%）
金元	10	7.04	40
四粒黄	10	7.04	40
白眉	8	5.08	43
平地黄	4	7.03	41
克山四粒荚	4	5.47	39
十胜长叶	3	12.5	42
永丰豆	3	7.04	43
佳木斯秃荚子	3	661	44
熊岳小粒黄	2	2.34	42
通州小粒黄	1	3.13	41
小粒黄	1	1.56	39
Anoka	1	6.25	未查到
Amsoy	1	6.25	未查到
柳叶齐	1	1.56	未查到
东农 20	1	0.78	未查到

（二）黑农98

黑农98是2010年黑龙江省农业科学院大豆研究所以黑农48为母本，以（黑农48×五星4号）BC1F1为父本杂交，采用回交转育与分子标记辅助选择的方法选育而成的，2020年在黑龙江省审定，审定编号为黑审豆20200021。黑农98通过回交转育实现了夏大豆在寒地高蛋白育种中的有效利用，是寒地高蛋白杂交育种的成功案例。

1.选育背景

2010年是黑农48推广应用的鼎盛时期，在东北春大豆区推广面积大，应用范围广。虽然黑农48品种蛋白质含量稳定在44%以上，但生产田中的黑农48蛋白含量只在42%左右，而且年季间、区域间差异较大，鉴于生产与加工对高蛋白大豆的需求，在有限的种植面积上，只有不断提高大豆蛋白含量和单位面积蛋白产量，才能满足人们不断增长的消费需求。

2.选育方法

（1）亲本选择：作物育种的突破和进展，主要依赖于优异资源的发掘和利用。只有充分挖掘可利用的高蛋白亲本资源，才能实现大豆高蛋白育种的新突破。为进一步提升黑农48蛋白质的含量、产量和适应性，大豆所育种团队选择黑农48为母本，选择地理远缘、无腥味的夏大豆品种五星4号为父本。五星4号是由河北省农林科学院育成，该品种属于有限、多分枝类型，株型上与黑农48品种差异较大，形成遗传优势互补。在2009年以黑农48做母本，五星4号为父本进行杂交获得F1代杂交种子，2010~2011年以黑农48做轮回亲本，与（黑农48×五星4号）F1进行两次回交，构建分离群体。

（2）后代选择：在BC2F1代进行"南繁"加代，调查农艺性状去除伪杂种后全部混收。在BC2F2代种植调查农艺性状分离情况，收获时剔除劣株，每株摘1个3粒荚混合脱粒。在BC2F3~BC2F4代根据育种目标选择优良单株，脱粒，测试蛋白质含量，并进行抗病性、百粒重、产量、品质的室内选择。2015年得到高蛋白、高产、抗病BC2F5个体15株，2016年对15个株行进行品质、抗病性和产量鉴定，决选出综合性状优良的品系16-2157。2017~2018年参加黑龙江省农科院大豆所产量鉴定试验，2018~2019年参加黑龙江省第二积温带东部区区域试验，2019年参加黑龙江省第二积温带东部区生产试验。

（3）产量测试：2017~2018年哈尔滨产量鉴定结果，两年平均公顷产量3227.5千克，平均较对照合丰50增产11.7%，见表2-5。

表 2-5 黑农 98 在哈尔滨产量鉴定试验结果

年 份	公顷产量（千克）	增减产（%）	标准品种
2017	3301.6	12.8	合丰 50
2018	3153.4	10.6	合丰 50
平均	3227.5	11.7	

2018~2019 年参加黑龙江省第二积温带东部区区域试验，两年 14 个点次平均公顷产量 2791.5 千克，平均较对照合丰 50 增产 5.1%。2019 年参加黑龙江省第二积温带东部区生产试验，8 个点平均公顷产量为 2650.1 千克，平均较对照合丰 50 增产 6.0%，见表 2-6。

表 2-6 黑农 98 区域试验产量和生产试验结果

试验类别	年份	公顷产量（千克）	增减产（%）	标准品种
区域试验	2018	2887.4	2.8	合丰 50
	2019	2719.5	7.3	合丰 50
	平均	2791.5	5.1	
生产试验	2019	2650.1	6.0	合丰 50

（4）品质测试：2018~2019 年经农业部谷物及制品质量监督检验测试中心（哈尔滨）分析，黑农 98 平均蛋白质含量 46.43%，脂肪含量 18.48%，见表 2-7。

表 2-7 黑农 98 品质分析结果

年份	蛋白质含量（%）	脂肪含量（%）
2018	47.87	18.14
2019	44.99	18.82
平均	46.43	18.48

（5）抗病鉴定：2018~2019 年经黑龙江省农作物审定委员会指定单位接种鉴定，黑农 98 抗大豆灰斑病，抗大豆花叶病毒病。

3.品种特征特性

黑农 98 继承了双亲的遗传优势，具有高蛋白、高产、多抗、广适性的特点，株高 90 厘米，以主茎结荚为主，分枝较少。紫花，尖叶，灰色茸毛，亚有限结荚习性，以主茎结荚为主，节间短，每节结荚多，荚熟为褐色，籽粒圆形，种皮黄色，脐黄色，百粒重 23 克。蛋白质含量 46.43%；脂肪含量 18.48%，生育日数 118 天左右，所需活动积温 2350℃ 左右。根系发达，较耐瘠薄，抗大豆灰斑病、抗病毒病。 适于黑龙江省第二积温带种植。

图 2-3　黑农 48 成熟群体和籽粒

第二节　诱变育种技术

诱变育种是指通过各种物理、化学等因素诱变生物体，使其发生基因突变，诱发遗传特性的变异，从变异的群体中对目标性状进行鉴定、选择，进而培育出新品种或创制优异种质资源的一种育种方法，它是常规育种与现代理化技术结合的现代育种技术。诱变育种具有突变率高、突变谱广和育种年限短等优势，能够克服杂交育种只能利用已有的基因重组、不能创造新基因的缺点，对改进单一性状或少数性状效果好，尤其是对改良熟期、品质、抗病性等性状效果显著，与杂交育种技术的结合育种效果更为显著；与分子育种相结合，还能够创造有利变异，解决大豆育种中遗传基础狭窄和种质资源匮乏的问题。而且，通过诱变育种构建丰富的突变体库也是最直接、最有效的分析鉴定功能基因获得有利突变材料的手段。目前应用于作物的诱变育种方法主要有物理诱变和化学诱变。物理诱变的诱变源主要包括 α 射线、β 射线、γ 射线、X射线、快中子、热中子、慢中子和紫外线等，目前应用较多的是 γ 射线。化学诱变剂主要包括烷化剂、叠氮化物、碱基类似物、抗生素、生物碱等，但是目前公认的最有效和应用较多的是烷化剂中的甲基磺酸乙酯（EMS）和叠氮化物中的叠氮化钠（NaN3 ）。

我国诱变育种研究工作虽然起步较晚，但近 30 年来发展较快，利用诱变方法已创造了许多农艺、经济、品质等性状有益的大豆突变体，培育的突变品种无论是数量还是种植面积都在国际上具有较大优势，为推动诱变育种学科发展和保障我国粮食安全做出了重要贡献。

一、育种目标

大豆品质改良是育种的重要目标，主要是选育蛋白质含量高、脂肪含量高，含硫氨基酸含量高及低亚麻酸含量的大豆。但是，传统的育种方法很难选出多个指标均为优良的品种，而诱变育种就可以打破这种限制，弥补传统育种的不足。黑龙江省农业科学院大豆研究所育种团队在 30 余年的育种实践中，采用诱变育种与杂交育种技术相结合的方法，有效地实现了"黑农号"大豆的品质改良，近 5 年培育的高蛋白品种黑农 88、黑农 511 等蛋白质含量较"十二五"之前选育推广的高蛋白品种蛋白含量提高了 2 个百分点，产量也大幅度提升。

产量是育种中最重要的性状，也是一个极其复杂的数量性状，一般育种中选择与产量相关的因子进行改良，如单株荚数、单株粒数、百粒重等等。但也有研究认为，大豆品种超高产性状主要和生物量、表观收获指数、生育期及花荚脱落等性状有关。应用辐射诱变育种改善大豆产量性状的优势在于辐射诱变可以同时改良多个性状，达到优质高产的育种目标。鹿文成等利用杂交育种和辐射诱变育种相结合的方法，选育出相比于对照增产 8.5% 的黑河 52，该品种还同时具有早熟、秆强、不炸荚等优良性状。Meng 等以激光为诱变源，将培育的大豆品种单产提高了 30%。由以上研究成果可以看出，辐射诱变育种技术在大豆产量性状改良方面可以获得较好的效果，目前只能结合一些明显的与产量相关的表型性状进行选择，在早期世代如何能更有效地选择出高产的突变仍是一个难点。

抗病突变是最难诱发的突变类型，一方面，抗病性状的变异率极低，例如，γ 射线诱变得到的大豆抗锈病突变率仅为 8.3×10^{-6}；另一方面，抗病性状的筛选过程工作量大，且操作困难，而且出现嵌合体的概率高，后代分离时间较长，很难形成稳定的突变体。所以，在大豆抗病性状改良的研究中，采用辐射诱变技术和杂交育种技术相结合的方法，将会育成高产抗病的新品种，已经育成的同时抗灰斑病和病毒病的大豆品种黑农 80、黑农 87、黑农 88、合丰 33，抗灰斑病的黑农 33、黑农 37、黑农 85、黑农 89，抗花叶病毒的黑农 90、黑农 93、中龙 608 等就是很好的例证。

二、育种方法

（一）物理诱变

物理诱变主要利用 X 射线、γ 射线、β 射线、中子、激光、电子束、离子束等对植物体（种子、植株、器官）进行诱发突变。射线辐射能够产生遗传变异（基因突变和染色体畸变），在较短时间内获得有利用价值的突变体，并从中直接或间接地选育出在生产上有利用价值的新品种。至 20 世纪末，已经有 56 个国家在 162 种植物中育成推广了 2252 个品种。其中，我国辐射诱变育种在 40 多种植物上先后育成新品种 613 个，占世界辐射育种新品种总和的 27.2%，每年为国家增产粮食 33 亿~40 亿千克，创经济效益 33 亿元。

黑龙江省农业科学院的王彬如、翁秀英先生于 1958 年在国内率先开展大豆辐射诱变育种工作，先后对辐射处理方法、处理剂量、后代变异规律与选择方法等进行了研究，利用 X 及 γ 射线处理"满金仓"和东农 4 号等，相继育成黑农 4 号、黑农 5 号等多个大豆品种。这些品种熟期早、含油量高，曾在黑龙江省东部垦区农场大豆生产中发挥了显著作用，也证明了大豆辐射育种是可行的。其中黑农 6 号脂肪含量为 23.4%，是当时我国推广的含油量最高的大豆品种。他们创建了杂交与辐射相结合的育种方法，育成了黑农 16、黑农 26、黑农 31、黑农 37、黑农 38 等 18 个品种，成为不同历史时期、不同生态区大豆的主栽品种，使黑龙江大豆平均产量从 80 千克/公顷提高到 120 千克/公顷，其中黑农 16 获国家科技进步奖；黑农 26 获国家发明二等奖；黑农 37 获黑龙江省科技进步二等奖。1986 年王连铮与王培英采用 3×10^{11} 热中子/平方厘米照射（合丰 $22 \times$ P1407.788A）的 F1 风干种子，采用混合选择法育成突变系 90—3527，是集早熟（比合丰 22 早 5~7d）、高蛋白（蛋白质含量 47.53%）、多抗性为一体的优异资源，填补了国内多抗、高蛋白大豆种质创新的空白。李雪华对 60Co γ 射线辐射的 12 个品种的 3000 多份 M3 代家系进行筛选，筛选出大豆高蛋白和低蛋白含量、高油分和低油分含量的家系各 200 份， 并扩繁至 M4 代，发现 M4 代的蛋白质含量或油分含量，不论是相比于对照还是相比于 M3 代差异均达到显著水平。安徽农业大学采用 Ne 激光辐射，育成的安激 2 号，具有高产、蛋白质和脂肪含量高等优良性状，同时该品种还抗花叶病毒和胞囊线虫病，已经被大面积推广。Bolon 等建立了快中子诱变大豆突变体库，并发现在多代中表现出种子蛋白质和脂肪含量显著增加或减少的突变体，蛋白质和脂肪的总含量在 53.82%~65.84%。

一直以来，辐射诱变育种以 γ 射线为主，其中，1966~1983 年间，γ 射线辐射育成品种占辐射诱变育种的 58.3%；然而，随着热中子、快中子、激光束等应用，60Co- γ 射线的使用比例逐渐下降。20 世纪 80 年代中期，中国科学院的余增亮先生探索性地将低能离子注入技术应用于植物的遗传改良，为离子注入植物诱变育种技术的兴起揭开了序幕。重离子束作为一种新的辐射源，具有传能线密度大、相对生物效应高、损伤后修复效应小、突变谱广、育种周期短的特点，而且可以利用它与生物体作用部位的局域性、可控性和可选择性来研究定点（位）诱变，进行定向育种。重离子束具有常规辐射源所没有的优势，是应用于诱变育种途径的新技术。2017 年开始黑龙江省农科院利用 60Co- γ 射线处理黑农 48 种子，构建一个库容 1147 株系的稳定突变体库，并构建遗传群体进行基础研究，经过常规选育出耐密植、高产、高蛋白、高油材料若干。

2003 年，中国科学院近代物理研究所与甘肃省张掖农业科学研究所合作，利用重离子束辐射技术培育出具有高产、稳产、适应性广、品质优良等特点的春小麦新品种"陇辐 2号"，并在甘肃、青海和宁夏等地大面积推广。同时，该研究所也先后培育出高产优质的当归、黄芪突变系及甜高粱、大丽花等新品种。2012 年中国科学东北地理与农业生态研究所与中科院近代物理所合作，利用 C^{14} 对我国目前大面积推广的 11 个大豆品种进行重离子辐射处理，2019 年培育出了品质优良的中科毛豆 3 号与中科毛豆 4 号。

有关重离子束辐射原理、诱变生物学效应及其在育种实践中的应用，将在本节后部分重点详细讨论。

（二）化学诱变

化学诱变育种是用化学诱变剂处理生物体，以诱发遗传物质的突变，从而引起形态特征的变异，然后根据育种目标，对这些变异进行鉴定、培育和选择，最终育成新品种的过程。

化学诱变剂的种类很多，目前较公认的最为有效和应用较多的是烷化剂和叠氮化物两大类。烷化剂中仍以甲基磺酸乙酯（EMS）、硫酸二乙酚和乙烯亚胺（EI）等类型的化合物应用较多。其中，EMS 是最常用的化学诱变剂之一，因为该方法易于实施，不需要复杂的设备，并且诱导单基因点突变的频率较高，突变基因的稳定性强且遵循孟德尔遗传的定律，有利于后期筛选优良新种质以及进行相关基因组的功能分析。然而，化学诱变剂通常具有致癌性，而高效低毒的化学诱变剂数量并不多。2020 年黑龙江省农业科学院大豆所以甲基磺酸乙酯（EMS）诱变绥农 42 获得稳定的黄化苗突变株，培育成观赏大豆，可应用于环境美化。过去 50 年，在筛选有效化学诱变剂的过程中，从简单的无机物到复杂的有机物，人们曾试用过近 1000 种化学物。尽管近年来农作物化学诱变育种得到了较为迅速的发展，但应用过程中，仍存在一些实际问题，如处理的安全性、诱变剂的稳定性及其不利代谢产物等。除了要注意诱变剂本身的理化特性、处理材料的遗传背景以及某些作用因素如剂量、温度、浓度等外，还必须考虑诱变处理材料的选择以及后代的鉴定与筛选等。为此，如何将化学诱变与其他育种手段及现代生物技术相结合以增加突变频率，提高育种效果，仍然是作物诱变育种工作的重要课题。

（三）重离子诱变

1.重离子诱变原理

重离子是指比质子重的带电粒子，通常是剥掉或部分剥掉氮、碳、硼、氖、氩等原子外围电子后获得的带正电的原子核。将重离子通过大型加速器装置加速而形成的具有能量的射线就是重离子束。因为其独特的物理学特性和生物学特性，近几年在育种中被广泛应用。

独特的倒转深度剂量分布，即布拉格（Bragg）曲线是重离子束最突出的物理特性之一。倒转是相对于常规射线如 X 射线和 γ 射线而言的，即重离子束通常是在靶物质的射程末端大量释放能量，从而形成一个尖锐的能量峰（亦称 Bragg 峰）。重离子在入射坪区，吸收剂量相对保持恒定，坪区的长度取决于入射重离子的能量，快到射程末端时，剂量急剧升高，形成 Bragg 峰。Bragg 峰会随着原子序数的增加而变得越来越窄，同时峰的高度也随之增加。

正是由于重离子的这种物理学特性，更有利于实现定点诱变；同时由于重离子种类及参数多样，因此采用不同种类、不同能量以及不同剂量的重离子束辐射生物样品，可能诱发多种多样的突变材料，可极大程度地拓宽突变谱。在植物育种过程中，将需要诱变的部位设定在布拉格峰的范围内进行辐射，达到辐射诱变的效果，进而筛选到突变体进行后期筛选。

2.重离子诱变技术的应用

重离子诱变相对于其他诱变源具有更高的传能线密度 LET 和更高的相对生物学效应，可以在较高的存活率下获得较高的突变率，主要引发单链断裂、双链断裂等多种类型的变异，且被修复率很低。因而，可以获得较高的突变率和较宽的突变谱，引起更为显著的生物学效应。

近年来，随着粒子加速器的飞速发展，利用重离子辐射拟南芥、百脉根、花卉、棉花、小麦、玉米、水稻和大豆等作物获得了很多其他诱变方式难以获得的突变体，在国内外很多植物育种中都有应用和研究。

有关大豆重离子辐射的研究，张秋英等认为，重离子辐射的辐射剂量应以 100 Gy 以下为宜，并获得了许多有益的突变体；余丽霞等也发现了可以在 M2 代稳定遗传的褐皮大豆突变体。无疑，这些开创性的工作为重离子辐射在大豆育种中的应用奠定了基础，而深入解析适宜剂量以及由此产生的表型变化的生理分子机制，将为作物辐射育种增加新的知识，并有助于加快重离子辐射培育大豆新品种的进程。下面基于我们近 10 年的研究结果，给予重点介绍。

3.重离子辐射诱变大豆辐射剂量

（1）适宜的剂量：大豆辐射诱变育种中最常用的处理材料是种子，通常选择半致死剂量。也有相关研究认为，致死率应该更低，这样更有利于自交后代的繁殖。辐射剂量过高会导致处理当代植株的大量死亡，辐射剂量过低又不利于变异的产生。李多芳等（2015）建立了电离辐射致植物诱变效应的损伤-修复模型。该研究表明，电离辐射植物存活率-剂量呈马鞍型曲线关系，并且对于电离辐射植物诱变效应而言，可能存在多个最适剂量。

2012 年张秋英等利用我国目前大面积推广的 11 个大豆品种，进行了 100 Gy、150 Gy、200 Gy、300 Gy 和 400 Gy 的辐射剂量初步研究，从 M1 代植株出苗率、生育表现、存活率和单粒重的影响结果发现：重离子辐射处理后，出苗迟缓、真叶发皱、幼苗黄化，出苗期晚于未处理对照 4~5 天，而且生长迟缓、苗弱苗小。随着生育进程，植株多数死亡、存活率降低。剂量越高，存活率越低（表 2-8）。即过高的辐射剂量存活率低，不利于产生大群体而进行下一代有效的变异选择，由此提出应用重离子束处理大豆籽粒时，以 100 Gy 辐射剂量为好，见图 2-4。

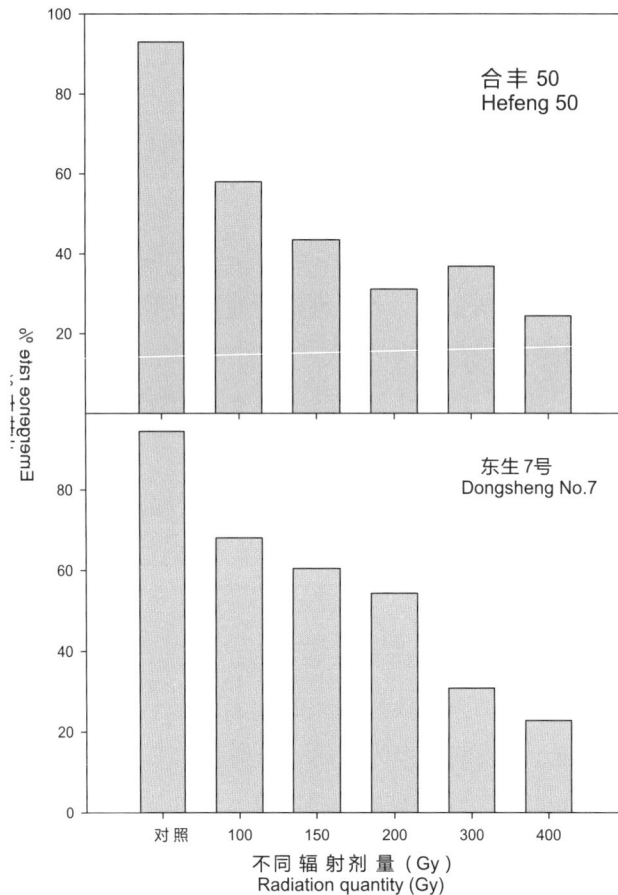

图 2-4　不同辐射剂量对 M1 代出苗率和成活率的影响

表 2-8　重离子辐射不同剂量对大豆不同时期存活率（%）的影响

品种	辐射计量（Gy）	存活率（%）			
		一节期	四节期	六节期	成熟期
合丰50	0	93.5	93.0	93.0	93.0
	100	58.0	35.2	33.0	18.2
	150	43.5	23.5	14.1	8.2
	200	31.1	14.4	7.8	4.4
	300	36.8	11.5	6.9	2.3
	400	24.4	11.1	6.7	2.2
东生7号	0	94.5	94.5	94.5	94.5
	100	68.1	34.5	30.2	25.0
	150	60.5	21.0	19.3	16.0
	200	54.5	19.3	17.5	13.2
	300	30.8	7.7	7.7	4.8
	400	22.8	7.0	6.1	5.3

根据我们后续以 100 Gy 辐射剂量为基础,不同剂量不同年份处理大豆籽粒 M1 代存活率的研究,尽管由于年际间生育初期的降雨对出苗率影响明显,为获得较高的存活率,以 110 Gy~120 Gy 符合辐射诱变育种中筛选突变体的需要,见表 2-9。

表 2-9　不同辐射剂量对 M1 代出苗率和成活率的影响

处理剂量	出苗率（%）	成活率（%）
	2017	
CK	78a	73a
70Gy	73b	34b
90Gy	64c	20c
110Gy	71b	9d
	2018	
CK	72a	70a
100Gy	64b	49b
120Gy	33c	27c
140Gy	31c	18d

注：表中同列字母表示差异达 0.05 显著水平。

（2）品种和辐射部位的差异：不同大豆品种 M1 代存活率对重离子辐射反应不同,存活率变化为 32.3%~4.4%,平均 15.4%,见表 2-10。例如,中黄 35 存活率在 200 Gy 处理下,大豆存活率最高为 32.3%,东生 1 号也高达 31.1%,而合丰 50 的存活率只有 4.4%。

表 2-10　相同辐射剂量（200Gy）对不同大豆不同时期存活率（%）的影响

品种	存活率（%）			
	一节期	四节期	六节期	成熟期
合丰 50	31.1	14.4	7.8	4.4
东生 7 号	54.5	19.3	17.5	13.2
合丰 35	43.4	24.2	17.2	13.1
合丰 25	55.1	31.6	18.4	8.2
绥农 26	53.9	31.4	27.5	25.5
绥农 31	61.3	26.4	20.8	16.0
中科毛豆 1 号	22.7	13.3	9.3	8.0
中黄 35	51.6	34.4	32.3	32.3
东生 1 号	58.6	42.7	36.9	31.1
中黄 30	31.9	8.8	6.6	6.6

辐射处理籽粒的位置也有一定影响。2017 年张秋英等对中科毛豆 3 号和东生 28 两个品种，进行 70Gy、90Gy、110Gy 三个辐射剂量（剂量率 40Gy/min，能量 80Mev/u），脐向上和任意两个部位的辐射处理，得出不同部位处理辐射大豆的成活率脐向上处理略大于任意处理，二者差异明显。2018 年我们对东生 28 进行了 100Gy，120Gy，140Gy 三个辐射剂量（剂量率 40Gy/min，能量 80Mev/u），脐向上和任意两个部位的辐射处理，同样得出相同的结论。

根据研究结果，利用重离子加速器，选用重离子束 C 辐射大豆种子种脐，照射粒数为 500 粒左右，辐射剂量为 120Gy，剂量率为 40Gy/min，辐射时间 30 分钟，换样时间为 15 分钟，一般 M1 代在成熟时植株成活 25% 左右。

4.重离子辐射诱变大豆后代表型变化

（1）碳离子束对 M1 代农艺性状的影响：与对照相比，辐射处理降低了株高、主茎节数和底荚高度，120Gy 处理下株高和主茎节数的变异系数最大。就底荚高度而言，下降最显著的也是 120Gy 的处理。同时辐射处理明显增加了分枝的数量和茎粗，最显著增加的是 120Gy 的处理，见表 2-11。

随着辐射剂量的增加，空荚的数量增加。100Gy 处理降低了单株种子重量和单株种子数量，且变异系数最大，而 120Gy 和 140Gy 处理却增加了种子重量。同时我们也观察到了籽粒大小的变异结果一致，粒荚比也明显降低，这说明重离子辐射处理对于改良大豆籽粒大小性状以及产量性状具有相当大的潜力。

（2）不同辐射剂量 M1 代种籽粒重和形态的影响：不同辐射剂量处理对大豆单粒重有一定影响。150 Gy 辐射剂量具有提高合丰 50 M1 代单粒重的作用，与其他剂量相比达显著差异（P<0.05），而其他辐射剂量处理之间无明显差异；150 Gy 和 400 Gy 辐射剂量能提高东生 7 号的单粒重，见图 2-3。总体上，150 Gy 剂量处理可增加 M1 代单粒的粒重，见图 2-4。

为了更好地比较诱变后代的种子形态的变化，我们测定了 2018 年 M1 代单株种子的长度和宽度，如图 2-4。与对照相比（籽长 7.20~7.52 毫米，粒宽 6.19~6.58 毫米），辐射处理普遍表现为籽粒变大，种子长度介于 7.5~8.0 毫米之间，宽度在 6.0~7.5 毫米之间。120 Gy 的处理变异最为丰富，如图 2-6A、2-6B）。此外，与对照相比，辐射处理增加了空荚、一粒荚和二粒荚的数量，但减少了三粒荚和四粒荚的数量。

表 2-11 碳离子束对东生 28M1 代农艺性状的影响

农艺性状		CK	100Gy	120Gy	140Gy
株高/厘米	平均	109.7	101.6	93.8	93.7
	CV	6.67	16.26	22.74	17.31
分枝数	平均	0.00	1.02	1.50	1.39
	CV	0.00	109.3	81.7	86.9
节数	平均	19.0	17.6	17.6	18.8
	CV	10.5	20.0	22.5	17.0
茎粗/毫米	平均	7.4	7.8	9.6	9.3
	CV	11.2	29.5	28.5	29.5
底荚高度/厘米	平均	19.5	14.0	8.8	11.6
	CV	49.9	51.2	49.1	99.7
空荚数	平均	7.4	10.3	10.9	14.1
	CV	51.4	77.5	65.6	132
单株荚数（个）	平均	45.8	53.0	77.8	71.4
	CV	21.7	61.6	54.7	56.0
单株粒重/g	平均	23.9	23.5	33.3	29.5
	CV	24.3	66.2	57.1	62.8
单株粒数（个）	平均	128	108	154	144
	CV	24.7	70.0	60.9	65.3

如图 2-4C 所示，对照的粒荚比（2.5~3.5）明显大于辐射处理（1.0~2.5）的粒荚比。而且，对于某些突变体，由于总荚数的增多，荚粒数的变异并未导致产量，降低，我们发现其中一个突变体具有 94 个一粒荚和 42 个二粒荚，其单株种子重量为 52.79g，比对照高出 109%。140Gy 的处理发现了另一个突变体。该突变体具有 61 个一粒荚和二粒荚、87 个三粒荚和四粒荚，单株粒重达到 77.53g，约为对照的 4 倍。

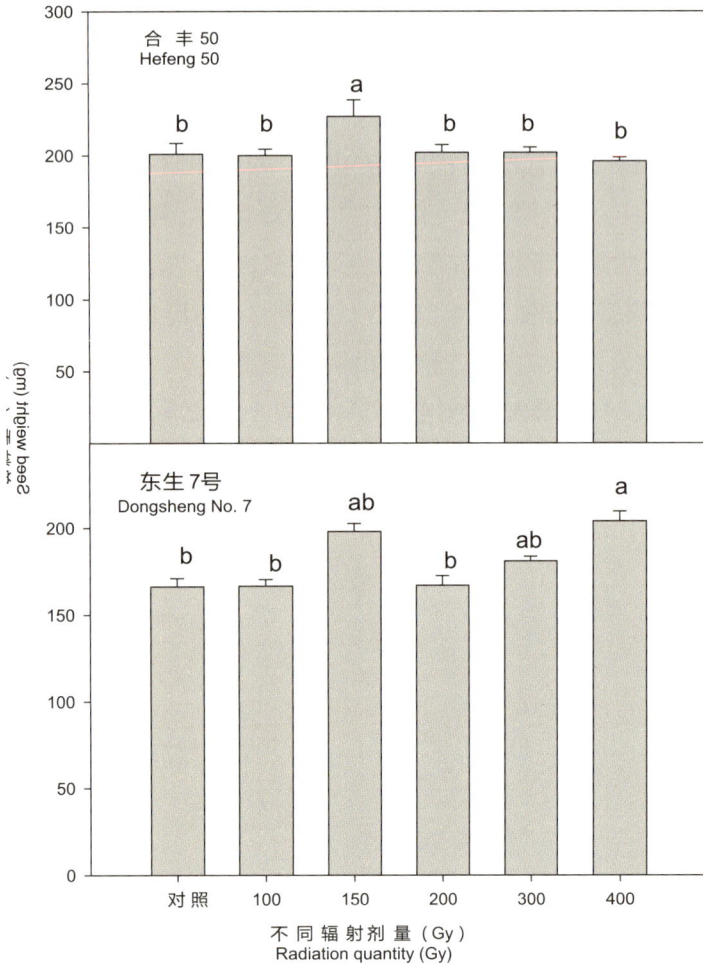

图 2-5 不同辐射剂量对大豆 M1 代单粒重的影响

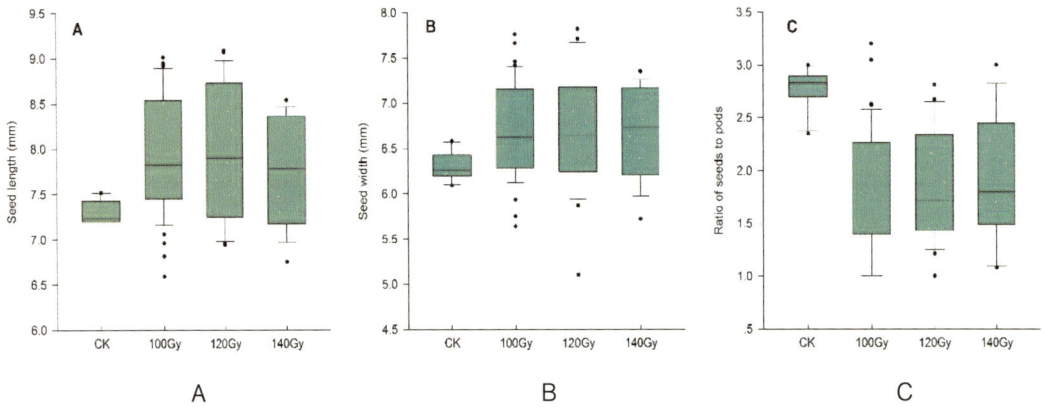

图 2-6　M1 代不同辐射剂量籽粒长度、籽粒宽度和粒荚比的分布

（A 种子宽度；B 种子长度；C 粒荚比）

（3）典型表型突变体：利用重离子辐射我们观察到很多表型明显的变异（图2-7）。在M1代苗期，由于辐射处理，大豆出苗时间明显延长，幼苗子叶变厚，第一片子叶出土的时间变长，相比于未辐射处理延长3~5天。在M2代苗期我们观察到了真叶变黄和大量的子叶上方着生两对真叶的情况，但是这种情况并没有在M3代观察到，证明可能是一种无益突变，并不会遗传给下一代。

我们也观察到了很多其他变异，如在叶性状方面我们观察到了四出复叶、五出复叶和六出复叶等，同时也观察到了卷叶突变、叶片向下弯曲的变异、畸形叶的变异等等，我们也筛选到多复叶嵌合的变异，同一植株上同时具有四出复叶、五出复叶和六出复叶，但是我们并没有在当年的植株上成功收获种子。同时，我们在第一代观察到了大量的双主茎变异，但是这种变异在M2代出现的频率很低，同时我们也观察到了株型的变异、结荚习性的变异、不育株的变异以及早熟的变异等。

图2-7　碳离子辐射诱变获得的典型表型突变

（4）品质方面的变异：对重离子辐射的中科毛豆3号M2代533株单株籽粒进行了近红外光谱分析，发现62.9％的辐射植物的籽粒表现为蛋白质含量增加，变异范围为40.6%~44.6％，但是只有14.8％的植株籽粒表现为脂肪含量增加，变异范围在19.0%~21.7％，如图2-8。这可能是由于中科毛豆3号本身的蛋白质含量（42.5％±0.20％）和脂肪含量（20.01％±0.27％）较高，这些特征是否稳定地遗传尚需要进一步确定。

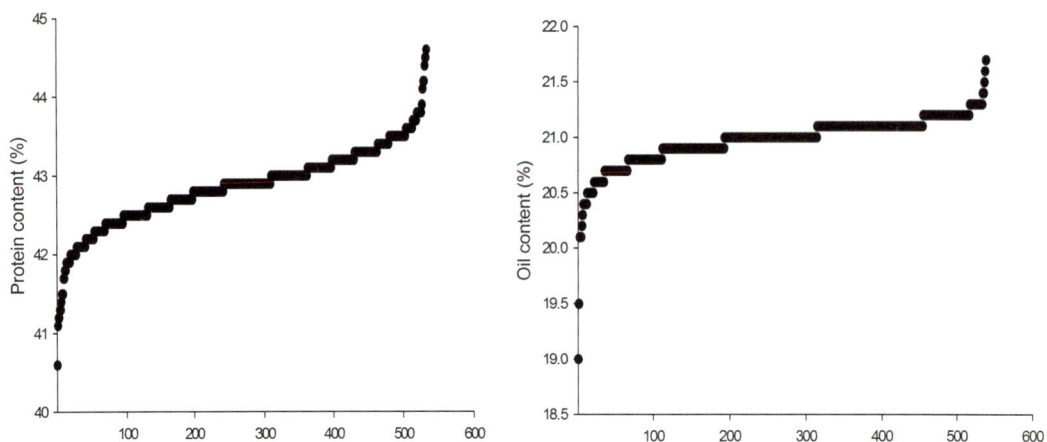

图 2-8 碳离子束辐射中科毛豆 3 号 M2 代单株大豆籽粒蛋白和脂肪含量分布

（蛋白含量 WT=42.5±0.20%；脂肪含量 WT=20.0±0.27%）

因此，我们尝试对于 2018 年 M1 代单株粒重达到 12 g 以上的突变体利用近红外谷物分析仪分析了种子蛋白脂肪的含量（图 2-9）。M1 群体植株籽粒的蛋白含量呈现出丰富的变异，变异范围在 35.1%~46.5% 之间，呈钟形曲线分布，其中 88.4% 的植株籽粒表现出更高的蛋白质含量。在 M1 种群中，种子脂肪含量也有显著变化，变化范围在 16.2%~20.8% 之间，但只有 17.4% 的植株籽粒表现出更高的脂肪含量。因此，与对照相比，M1 代的种子表现出较高的蛋白质含量和较低的脂肪含量。这表明，碳离子束辐射对于筛选高蛋白种质资源具有巨大的潜力。

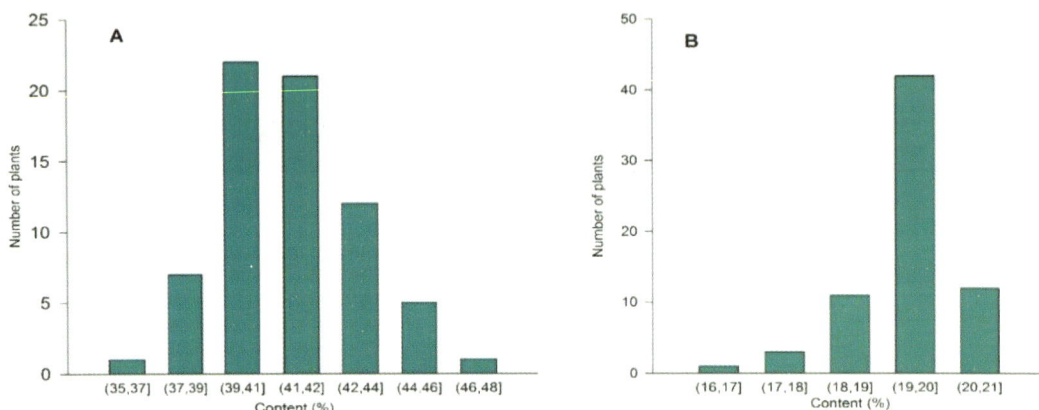

图 2-9 碳离子束辐射对东生 28 M1 代单株大豆籽粒蛋白和脂肪含量的影响

（5）重离子辐射诱变大豆后代分子生理变化：辐射会打破植物体内自由基产生和清除的动态平衡，导致自由基增多，进而引发植物体内抗氧化酶系、激素和微量元素等一系列复杂的反应。不同品种以及不同辐射处理的生理变化规律不尽相同。

对燕麦、普那菊、甜高粱、小麦和烟草等作物的相关研究均表明，随着辐射剂量的增加，超氧化物歧化酶（SOD）、过氧化物酶（POD）、过氧化氢酶（CAT）等酶活性均有所升高，但当辐射剂量增加到一定数值后会出现降低的情况，这可能是由于辐射对植物造成的损伤过大，植物无法进行自身修复的缘故。

有关大豆这方面的研究并不是很多。研究表明，随着辐射剂量的增加，大豆植株的Fe、Cu、Zn、可溶性蛋白和丙二醛（MDA）的含量逐渐增加，SOD和POD的活性明显升高。Tewari等设置250 Gy、500 Gy、1000 Gy 3个γ射线辐射剂量，辐射4个不同种皮颜色的大豆品种，发现黑色种皮对γ射线辐射较为敏感，豆腥味也因辐射得到了明显的改善。但是，SOD和CAT等酶活性却随着辐射剂量的升高而降低，与Alikamanoglu的研究结果不一致，这可能是因为辐射剂量率或者品种不同造成的。在播种前用较低剂量（20 Gy，0.54 Gy/min）的γ射线辐射大豆种子，可以提高植物的抗旱性，且不论在干旱还是在水分充足的条件下，经过辐射处理的种子的植株其MDA含量和SOD、POD和CAT等酶活性均有所升高。这些生理指标反应了植物体内由于辐射诱变造成损伤的程度，或许可以在将来的研究中作为最佳辐射剂量的筛选依据。

①荚粒数变异及其物质积累分配规律：表2-12为荚粒数突变体和野生型主要农艺性状的比较，从表中数据我们可以看出，突变体相较于野生型，株高降低，一粒荚和二粒荚数目明显增加，三粒荚和四粒荚数目明显减少，差异达到极显著水平，但是产量并未发生明显的改变。因此，这种变异是有益的，而且在荚粒数性状变异的同时并没有改变叶型，与已经发现的叶型和荚粒数的主效基因Ln可能为不同基因，具有一定研究价值。

表2-12　荚粒数突变体与野生型农艺性状比较

材料	株高（厘米）	节（个）	一粒荚（个）	二粒荚（个）	三粒荚（个）	四粒荚（个）	（三粒荚+四粒荚）/（一粒荚+二粒荚）	总荚重
野生型	110.3 ± 5.2*	17.3 ± 1.7	0.3 ± 0.5**	3.3 ± 1.2**	26 ± 4.2*	30.3 ± 3.7**	19.1 ± 8.2*	58.4 ± 4.1
突变体	95 ± 1.6	18.7 ± 0.5	41.0 ± 11.0	38 ± 2.2	12 ± 3.6	1.3 ± 1.2**	0.2 ± 0	60.1 ± 2.4

图2-10为荚粒数突变体和野生型生育期内荚皮和籽粒可溶性糖、蔗糖和淀粉含量的动态变化。图2-10表明，突变体和野生型籽粒可溶性糖含量变化趋势基本一致，表现为先上升后下降，在R6.5时达到峰值，且突变体比野生型提高了41.6%；而对于蔗糖，R6~R8期突变体籽粒的蔗糖含量均高于野生型，这可能与突变体具有较大的籽粒有关，尤其在鼓粒期，所以需要积累大量的蔗糖；野生型和突变体籽粒淀粉含量仅在R5和R6时期表现为突变体高于野生型，我们推测前期籽粒中的高淀粉含量可能是较多的一粒荚、二粒荚形成的物质基础。野生型和突变体荚皮中可溶性糖含量变化趋势基本一致，表现为先上升后下降，在R4~R6期均表现为野生型荚皮可溶性糖含量高于突变体，在R6.5和R8两个时期两者可溶性糖含量基本一致，而就蔗糖含量而言，R6.5时野生型荚皮的蔗糖含量明显高于

突变体，与籽粒完全相反。同时，我们发现 R5~R6.5 时期突变体的荚皮淀粉含量均明显高于野生型。

这说明野生型和突变体的糖分运转机制完全不同，我们将进一步进行与糖分代谢相关酶的指标的测定，并尝试进行分子水平的相关分析。

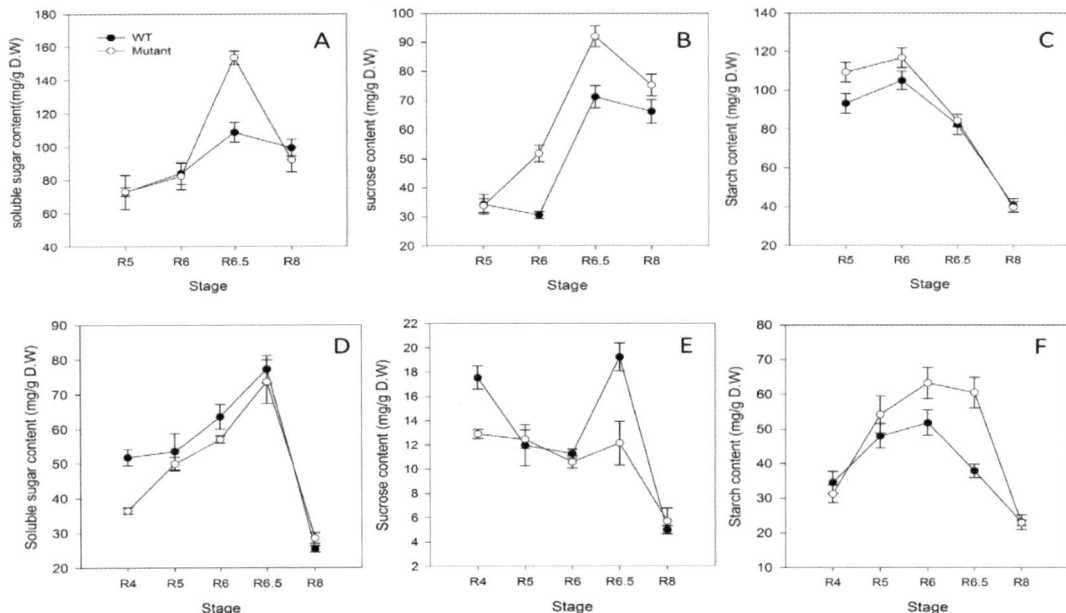

图 2-10 荚粒数突变体和野生型生育期内籽粒和荚皮可溶性糖、蔗糖和淀粉含量动态变化

②重离子束辐射对 M1 代大豆植株脯氨酸和丙二醛含量及抗氧化酶活性的影响：脯氨酸（Pro）和丙二醛（MDA）的含量及抗氧化酶活性在 M1 代表现出较为宽泛的变化，如图 2-9。为了清楚地了解这些生化指标在辐射处理过的植株群体中的分布，我们将对照植株生理指标所在的范围设定为标准值，将它们分为三组，即稳定组（对照植株生理指标所在的范围）、正调控组（高于稳定组）和负调控组（低于稳定组），并计算各组所占的比例。

对于辐射处理中 MDA 含量的分布，在 R2 阶段如图 2-11A，120Gy 处理中稳定组所占比例最低（12.5%），而 100Gy 处理的稳定组比例为 30.4%，140Gy 处理的比例为 33.3%。辐射处理中负调控组的比例无明显差异，而 120Gy 处理正调控组所占的比例最高（37.5%）。在 R6 时期如图 2-11B，100Gy 处理正调控组所占比例为 58%，120Gy 处理正调控组比例为 41.7%，高于 140Gy 的处理（23.8%）。各个辐射处理之间负调控组所占的比例没有显著差异。

在 R2 时期，Pro 含量的分布如图 2-11C 所示。100Gy 处理中，稳定组和正调控组所占的比例最高（43.1%），而 120Gy 和 140Gy 之间的没有明显差异。在 R6 时期如图 2-11D，负调控组在 120Gy 处理中占 86%，在 100Gy 处理中占 76%，在 140Gy 处理中占 55%。正调控组仅出现在 100Gy 和 140Gy 的处理中，所占比例高达 18.2%。从 R2 到 R6，脯氨酸含量显著增加。

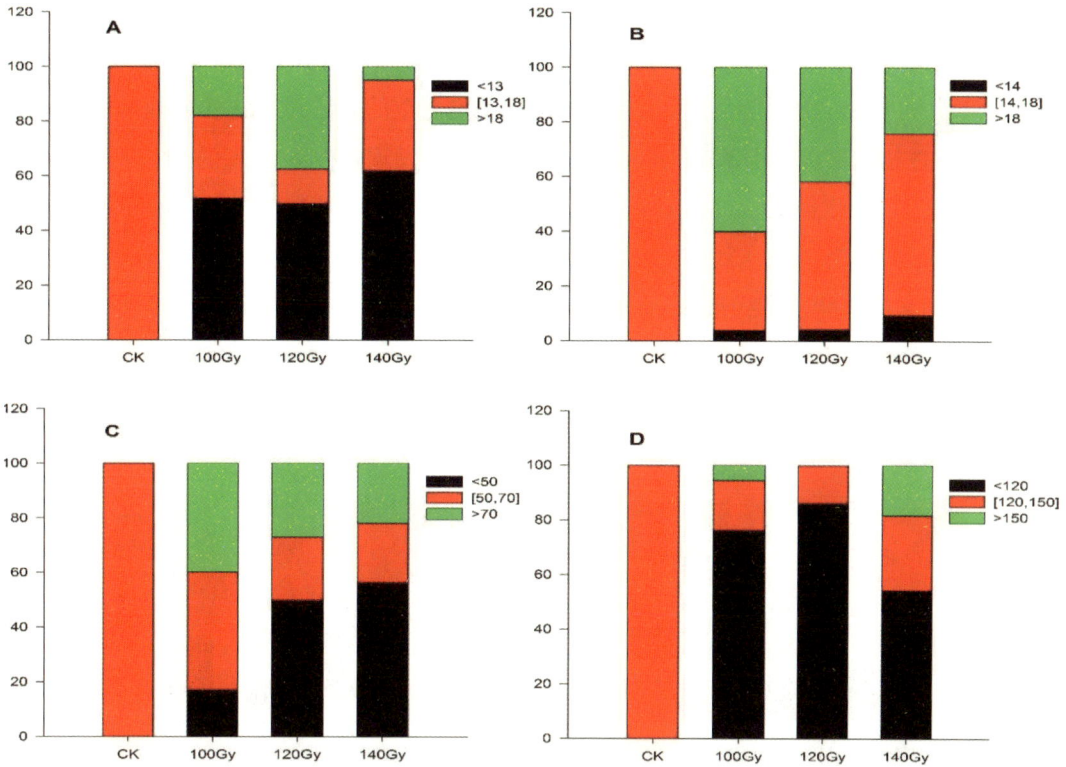

图 2-22　M1 代不同辐射剂量对 MDA 含量和 Pro 含量分布的影响（A：R2 时期 MDA 含量的分布（（μmolg −1 fw）；B：R6 时期 MDA 含量的分布（（μmolg −1 fw）；C：R2 时期 Pro 含量的分布（（μmolg −1 fw）；D：R6 时期 Pro 含量的分布（（μmolg −1 fw））

R2 时期的 SOD 活性分布如图 2-12A 所示。稳定组在 100Gy 处理中所占的比例最高（58%），但在 120Gy（20%）和 140Gy（22.7%）处理之间无明显差异。正调控组在 140Gy 处理所占比例最大（78%），该处理中没有出现负调控组。在 R6 时期如图 2-12B，因为 100Gy 的处理中没有正调控组，负调控组所占的比例更高（53%），120Gy 处理中正调控组所占的比例最高，为 19.7%。各辐射处理之间稳定组所占的比例没有明显差异。与脯氨酸含量相似，SOD 活性从 R2 到 R6 也明显增加。

对于 POD 活性的分布，在 R2 时期如图 2-12C，稳定组（39%）和正调控组（59%）在 100Gy 处理时所占比例最高，而 120Gy 和 140Gy 处理之间没有明显差异。在 R6 时期如图 2-12D，尽管不同辐射处理之间各组的比例分配没有明显差异，但正调控组所占的比例为 41.7% 至 58.0%。总体而言，R6 阶段的 POD 活性几乎是 R2 阶段的 10 倍。

目前辐射引起的生理水平变化的相关报道主要集中在种子或幼苗上。研究表明，电离辐射增加了 CAT、SOD 和 POD 的活性。在我们的研究中，辐射诱变使 MDA 和 Pro 含量增加、SOD 和 POD 活性提高，表明辐射处理导致更严重的脂质过氧化和生理损伤，同时提高了大多数植物抵抗自由基损伤的能力。此外，我们发现 100Gy 处理的 M1 代中生化参数稳定组所占百分比最高。这表明，与 100Gy 相比，120Gy 和 140Gy 的辐射处理引起了植株更为严重的生理损伤。我们还发现，Pro 的含量以及 SOD 和 POD 酶的活性从 R2 到 R6 显著增加。R2 时期对辐射处理反应较为一致，可以作为最佳辐射剂量的筛选时期。因此，我们认为最佳辐射剂量的判断除考虑存活率外，还应考虑出苗率、有益突变率、环境条件和一些生化参数等等。

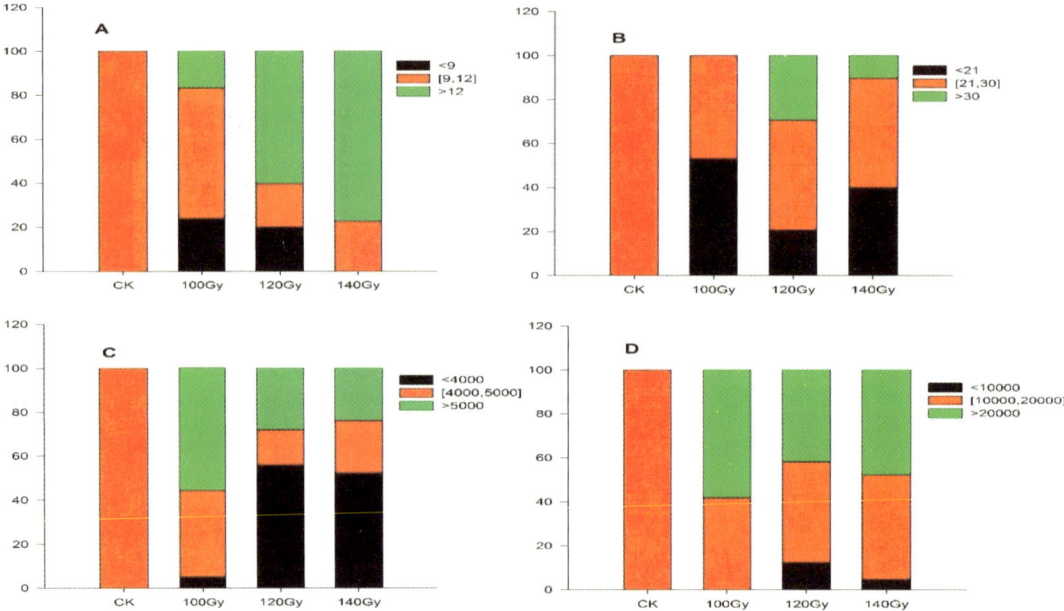

图 2-12　M1 代不同辐射剂量对 MDA 含量和 Pro 含量分布的影响（A：R2 时期 SOD 活性的分布（（U mg-1 fw）；B：R6 时期 SOD 活性的分布（U mg-1 fw）；C：R2 时期 POD 活性的分布（ΔA 470 g-1（fw））；D：R6 时期 POD 活性的分布（ΔA 470 g-1（fw）））

③重离子束辐射对 M1 代、M2 代大豆植株叶片叶绿素含量的影响：叶绿素 a、叶绿素 b 和类胡萝卜素是光合作用中的重要色素，它们也是衡量诱变育种中辐射损伤程度的重要生化指标。如表 2-13 所示，在 R6 时期，所有辐射处理均显著增加了叶绿素 b 和类胡萝卜素的含量。与对照相比，叶绿素 b 含量增加了 58% 至 76%，类胡萝卜素含量几乎增加了一倍。但是，不同照射剂量之间没有显著差异。对照和 100Gy、120Gy 处理之间的叶绿素 a 和总叶绿素含量存在显著差异，但对照和 140Gy 处理之间没有发现显著差异。

此外，随着辐射剂量的增加，叶绿素 a 和总叶绿素含量均下降，但除 140Gy 处理的叶绿素 a 含量外，其他均高于对照。我们的研究结果表明，100Gy 至 140Gy 的辐射剂量对叶绿素的形成和积累具有积极作用。这与我们的田间观察结果一致，即经辐射处理的植物通常具有较大、较厚和深绿色的叶片。

在 M2 代，相比于未辐射处理，各个辐射剂量叶绿素含量虽然也发生了一定的变化，但是不同辐射剂量均没有达到显著水平，这说明在第二代生理损伤得到了很明显的恢复。仅 140 Gy 的辐射剂量叶绿素 a、叶绿素 b、类胡萝卜素以及总叶绿素含量均降低，这说明 140 Gy 的辐射剂量相比于 100 Gy 和 120 Gy 仍然产生了更为严重的损伤。

表 2-13　M1 和 M2 代不同辐射剂量叶绿素 a、叶绿素 b、类胡萝卜素以及总色素的含量

剂量（Gy）	叶绿素 a	叶绿素 b	类胡萝卜素	总叶绿素
		2018（M1 代）		
0	1.133 ± 0.139b	0.436 ± 0.035b	0.163 ± 0.021b	1.569 ± 0.166b
100	1.328 ± 0.215a	0.697 ± 0.207a	0.310 ± 0.093a	2.025 ± 0.322a
120	1.266 ± 0.265a	0.687 ± 0.150a	0.336 ± 0.103a	1.953 ± 0.248a
140	0.908 ± 0.254b	0.765 ± 0.192a	0.361 ± 0.106a	1.672 ± 0.184b
		2019（M2 代）		
0	1.023 ± 0.061	0.493 ± 0.035	0.425 ± 0.039	1.516 ± 0.096
100	1.014 ± 0.173	0.497 ± 0.117	0.402 ± 0.067	1.512 ± 0.287
120	1.049 ± 0.109	0.514 ± 0.081	0.425 ± 0.059	1.563 ± 0.188
140	0.997 ± 0.124	0.480 ± 0.079	0.406 ± 0.058	1.477 ± 0.211

④分子水平的诱变效应：在分子水平方面，辐射可以引起 DNA 发生多种类型的损伤，包括碱基与核糖变化，链断裂和与蛋白质发生交联等。最常见的是 DNA 链的断裂，而链的断裂和诱变源的传能线密度（LET）密切相关。一般来说，随着 LET 的增大，单链断裂（SSB）减少，双链断裂（DSB）增多。而为了保持遗传的稳定性，生物体内普遍存在着 DNA 的损伤修复机制，以消除或减轻 DNA 的损伤。所以，育种中理想的诱变源，应该既可以使 DNA 分子发生多种类型的损伤，又可以保证相对较低的被修复率。辐射诱变所获得的突变体，一方面可以作为优质的种质资源，另一方面也可以作为大豆相关基因功能研究的原始材料。

大豆是由古四倍体演化而来的二倍体作物，大豆基因组已于 2010 年在 Nature 杂志上正式发表公布。利用大豆的基因组信息，已经成功克隆了调控大豆生育期、生长习性、种子形态和组分、结瘤和养分利用效率、生物以及非生物胁迫抗性等重要农艺性状的功能基因，也初步揭示了相关的作用机理。这些研究，为充分利用辐射诱变进一步挖掘相关的 QTL 和基因功能网络在大豆产量和品质形成中的作用提供了基础证据，也为辐射诱变精确

鉴定突变体和精准培育目标性状品种，奠定了分子基础。

5.重离子育种实践

（1）实验装置：兰州重离子加速器装置，是我国规模最大、加速离子种类最多、能量最高的重离子研究实验装置，它由电子回旋共振离子源（ECR）、1.7 米扇聚焦回旋加速器（SFC）、分离扇回旋加速器（SSC）、冷却储存环（CSR）、放射性束流线、实验终端等设施组成，我们平时进行的生物实验都是在浅层终端 TR4 上完成。

（2）加速离子及能量：生物实验最常用的离子为碳离子（$12C^{6+}$），能量通常为 80~100 MeV/u。近几年使用的都为 80.55 MeV/u，这是单个离子的能量，对于碳离子来说则总能量为 $80.55 \times 12 = 966.6$ MeV。当然也可以加速其他离子，比如之前用过 Fe 离子、N 离子、Ar 离子等。辐射的剂量单位为 Gy，剂量率为 Gy/min（每分钟照射的剂量）。

每次辐射前需要提前设置每个材料需要辐射的剂量，再根据剂量率计算辐射所需时间。离子束由于能量高、射程长，不需要进行抽真空处理，可在大气中直接照射，射程以水为当量在 15 厘米之内，所以辐射时装在培养皿里的材料只要总高度不超过 10 厘米都是可以的。对于种子非常大的材料或块茎、种球，高度超过 15 厘米的，则重离子最终以注入的形式停留在辐射材料中。

（3）辐射方法：种子按照胚朝上、胚朝下或者随机的方式摆放在直径为 35 毫米的培养皿中（终端束斑的直径大小为 50 毫米，为保证辐射的均匀度和准确度，避免位于束斑边缘的材料辐射一致性不好，我们一般只用 35 毫米的培养皿，也就是说只用束斑中间的 35 毫米直径的范围离子用于材料辐射）。提前将种子摆放在培养皿中，然后，将培养皿放置在匹配规格的托盘上。每个托盘可放置 24 皿，束流垂直到达小皿，每照完一皿托盘移动照射下一皿（束流出口固定不动，托盘移动使小皿与出束口垂直），每盘 24 皿均照完后由机械臂操作更换托盘，继续下一盘的辐射。

（4）辐射材料的选择：重离子辐射大豆的材料选择要根据育种目标而定，通过我们的试验初步得出，如果只改变某优良品种的一个或两个不良性状，保留其他优良性状，就要选择综合性状较好的当地及生产上大面积应用的品种作为辐射材料。2012 年我们选用多年大面积生产的日本毛豆品种札幌绿为辐射材料，进行 120 Gy 重离子辐射，选育出了中科毛豆 3 号，克服了札幌绿在我国东北倒伏、产量低的缺点。如果要改良几个性状，就要选择杂交后低世代综合性状较好的材料，因为低世代材料还处于分离阶段，处理后变异的幅度更大，容易选育出综合性状好的类型材料。

由于辐射后代的有益突变率极低，而且要同时考虑育种需求并受到试验规模的限制，因此一次处理种子的量应该在 500~2000 粒左右。

（5）辐射后代的选择与处理：针对不同的样本数量和不同的育种需求，后代选育的方法也有所不同。研究认为，系谱法稳定较快，一荚传法和摘优株荚法相对节省人力物力（谷秀芝和翁秀英，1990）。Patil 等设置了 19 个辐射处理，共计 19000 粒种子，采取 M1 代每株收 5 粒，并对 M1 代的收获物按照组合进行脂肪酸组成的初步鉴定，保留有明显变异的处理进行种植，M3 代、M4 代每株收获 10 粒进行性状是否稳定遗传的鉴定，最后筛选出高亚油酸、低亚麻油酸且其他品质性状不受影响的突变体。这种筛选方法可能在 M1 代丢失部分目标性状，但对于样本数量过大且育种目标性状明确的情况，此种方法具有很好的借鉴意义。

M1 代很多改变都是由于生理损伤产生的，所以不会遗传给下一代，有很多隐性突变也不会在 M1 代显现出来。在 M2 代，生理损伤和畸形都会有所恢复，会分离出大量的突变，是筛选突变体的重要世代。但是，很多突变都是无益突变，出现生育期和叶绿素的变异概率较高，在生育期方面甚至会出现极早到极晚的连续变异，变化幅度在 5~30 天左右。M3 代一般对 M2 代选定的候选突变体进行进一步的筛选确定，所筛选出来的突变体再经M4 代种植并结合一些其他方法进一步确认，基本可确定稳定遗传。

对于目标性状不明确的情况，可以参考尚娜的研究方法，即在 M1 代不加选择，单株收获；在 M2 代种植成株行，田间观察，并按照一定的标准对突变体进行明确分类；M3 代按分类进行小区种植，筛选表型稳定一致的突变体，进行分子标记，从分子水平对突变体进行鉴定，并进行后续的基因功能分析鉴定和突变体的扩繁推广等工作。此种方法最大程度地保留了可能的变异，并减少了筛选过程的工作量，但对明确的分类标准的确定是本方法的一个难点。

（6）重离子束辐射育种展望：研究表明，由于辐射对种子造成的生理损伤，在 M1 代，出苗时间和成熟时间会出现一定程度的延长，出苗率相比于对照明显降低，且辐射剂量越大，出苗率越低。而且，随着植株的生长，很多性状会出现一定的变化，如生长缓慢、发育畸形、叶片黄化、卷曲皱缩等，植株的株高、节数、分枝数、荚数等也会出现一定变化，同时也会出现双主茎、不育株、半不育株等，很多植株不能正常生长而死亡，导致植株成活率下降。因为表型的变化最易于观察和筛选，所以研究比较广泛，利用辐射诱变技术已经发现了叶形突变体、子叶折叠突变体、矮化短柄突变体、种皮不完整突变体、早熟高产突变体和种皮颜色突变体等。利用重离子束辐射能够进一步挖掘种质资源的潜在特性。

三、标志性品种的选育

（一）黑农88

黑农88是黑龙江省农业科学院大豆所以黑农48为母本，以60Co-r射线122.2Gy处理（黑农48×晋豆23）F1为父本杂交，采用杂交与辐射相结合的方法选育而成的，品种集高蛋白、高产、抗病于一体，2020年在黑龙江省审定，审定编号为黑审豆20200023。

黑农88通过诱变的方法实现了夏大豆在寒地高蛋白育种中的有效利用，是杂交与诱变育种相结合选择培育高蛋品种的成功案例。

1.选育背景

近年来，我国经济发展，居民饮食结构不断优化，对大豆的需求也在不断增长，大豆供需矛盾日益突出，进口数量不断增加，已严重影响到大豆的产业安全。但由于国产大豆与进口大豆具有鲜明的品质和用途差异，形成了食用、油用两个相对独立的大豆市场，国产大豆主要是以满足人们对高质量植物蛋白的需求为主。"十二五"以来黑龙江省以发展食用豆为目标，从政策上支持发展高蛋白大豆育种与生产。众所周知，东北大豆产区属高寒地区，受地理因素和光温水等自然条件的限制，难以选育和生产出与黄淮、南方同样高蛋白含量并高产的大豆。面对产业需求，黑龙江省农业科学院大豆研究所从引进南方大豆资源入手，通过远缘杂交和诱变育种相结合的方法，提高大豆蛋白含量与蛋白产量，解决寒地高蛋白大豆育种的卡脖子问题，成功培育出高蛋白、高产、抗病大豆新品种黑农88、中龙608等。

2.选育方法

（1）亲本选配：首先设定高蛋白、高产、抗病的育种目标，在2008年，选择东北春大豆产区主栽的综合性状优良的高蛋白大豆品种黑农48做母本，选择与母本性状差异较大并生态、遗传基础远源的抗病、抗旱、秆强、分枝型的山西高产大豆品种晋豆23做父本进行杂交，以60Co-r射线122.2Gy对F1种子进行处理，再以黑农48为母本与M1的早花变异株进行回交，构建分离群体。

（2）后代选择：采用杂交与辐射相结合的方法对分离群体逐代选择，在BC1F1代主要进行育性和成熟期的选择，在每一个正常成熟的可育株上摘一个3粒荚混合脱粒。在BC1F2代选择成熟可育的优良单株，单株脱粒，测试蛋白质含量，并进行抗病性、百粒重、产量、品质的室内选择。在BC1F3~BC1F4代根据育种目标在综合性状优良的株行内选择优良单株，进行产量、蛋白含量、抗病、抗虫性的室内选择。2012年得到高蛋白、高产、抗病BC1F5个体22株，2013年对22个株行进行品质、抗性和产量鉴定，决选出综合性状优良的品系哈13-2413。品系在2014~2015年参加黑龙江省农科院大豆所产量鉴定试验，2016年参加黑龙江省第二积温带中部区预备试验，2017~2018年参加黑龙江省第二积温带中部区区域试验，2019年参加黑龙江省第二积温带中部区生产试验。

（3）产量测试：2014~2015年在哈尔滨产量鉴定，两年平均公顷产量3101.9千克，平均较对照绥农26增产10.9%（表2-14）。

2017~2018年参加黑龙江省第二积温带中部区区域试验，两年12个点次平均公顷产量2987.2千克，平均较对照绥农26增产8.1%。2019年参加黑龙江省第二积温带中部区生产试验，7点平均公顷产量为2833.5千克，平均较对照绥农26增产8.3%，见表2-15。

表2-14 黑农88哈尔滨产量鉴定试验结果

年份	公顷产量（千克）	增产比（%）	对照品种
2014	3085.0	10.3	绥农26
2015	3118.8	11.5	绥农26
平均	3101.9	10.9	

表2-15 黑农88黑龙江省区域试验和生产试验结果

试验类别	年份	公顷产量（千克）	增产比（%）	对照品种
区域试验	2017	2868.1	6.5	绥农26
	2018	3106.2	9.6	绥农26
	平均	2987.2	8.1	
生产试验	2019	2833.5	8.3	绥农26

2018~2019年经农业部谷物及制品质量监督检验测试中心（哈尔滨）分析，黑农88平均蛋白质含量45.56%，脂肪含量19.12%，蛋脂和为64.68%，超过国家一级蛋白标准1.5个百分点，见表2-16）。

表2-16 黑农88品质分析结果

年份	蛋白质含量（%）	脂肪含量（%）
2018	47.19	18.76
2019	43.93	19.48
平均	45.56	19.12

（数据来源：黑龙江省种子管理局）

（5）抗病鉴定：2017~2019年经黑龙江省农作物审定委员会指定单位接种鉴定，黑农88抗大豆花叶病毒病1号株系，中抗大豆花叶病毒病3号株系，中抗大豆灰斑病。

3.品种特征特性

黑农88继承了父母本的遗传优势，具有高蛋白、高产、抗病的特点。黑农88株高90

厘米，紫花，尖叶，灰色茸毛，亚有限结荚习性，以主茎结荚为主，分枝较少。节间短，结荚密，每节结荚多，荚熟色为褐色，籽粒圆形，种皮黄色，脐黄色，百粒重23克。蛋白质含量45.56%，脂肪含量19.12%。接种鉴定抗大豆花叶病毒病1号株系，中抗大豆花叶病毒病3号株系，中抗大豆灰斑病。生育日数120天，所需活动积温2400℃，适于黑龙江省第二积温带种植，如图2-13。

图 2-13 黑农 88 成熟群体和籽粒照片

（二）中龙 608

中龙 608 是黑龙江省农业科学院大豆所和中国农业科学院作物所以 60Co-r 射线 122.2Gy 处理（黑农 48×晋豆 23）F1 风干种子，采用杂交与辐射相结合的方法选育而成的。品种集高蛋白、高产、抗病、广适应性于一体，2019 年在黑龙江省审定，审定编号为黑审豆 20190006。

1.群体构建与后代选择

按高蛋白、高产、抗病的育种目标选择亲本（与黑农 88 同），以 60Co-r 射线 122.2Gy 处理（黑农 48×晋豆 23）F1 构建分离群体，与黑农 88 选择的差异之处是多了一个"南繁"加代和在北京异地鉴定的过程，所以中龙 608 抗逆性、适应性更强，应用范围更广。

2.产量测试

2013~2014 年哈尔滨产量鉴定，两年平均公顷产量 3318.2 千克，平均较对照合丰 55 增产 10.6%，见表 2-17。

2016~2017 年参加黑龙江省第二积温带南部区区域试验，两年 13 个点次平均公顷产量 2843.2 千克，平均较对照合丰 55 增产 12.2 %。2018 年参加黑龙江省第二积温带南部区生产试验，6 点平均公顷产量为 2794.1 千克，平均较对照合丰 55 增产 8.4%，见表 2-18。

表 2-17　中龙 608 哈尔滨产量鉴定试验结果

年份	公顷产量（千克）	增产比（%）	对照品种
2013	3560.0	11.4	绥农 26
2014	3076.4	9.8	绥农 26
平均	3318.2	10.6	

表 2-18　中龙 608 黑龙江省区域试验和生产试验结果

试验类别	年份	公顷产量（千克）	增产比（%）	对照品种
区域试验	2016	2886.4	10.5	合丰 55
	2017	2792.9	7.5	合丰 55
	平均	2843.2	9.0	
生产试验	2018	2794.1	8.4	合丰 55

（数据来源：黑龙江省种子管理局）

3.品质测试

2016~2018 年经农业部谷物及制品质量监督检验测试中心（哈尔滨）测试，中龙 608 平均蛋白质含量 44.26%，脂肪含量 19.59%，蛋脂和为 63.84%，超过国家一级蛋白标准，见表 2-19。

表 2-19　中龙 608 品质分析结果

年份	蛋白质含量（%）	脂肪含量（%）
2016	43.41	19.90
2017	42.54	19.95
2018	46.82	18.92
平均	44.26	19.59

4.抗病鉴定

2017~2019 年经黑龙江省农作物审定委员会指定单位接种鉴定，中龙 608 抗大豆花叶病毒病 1 号株系，中抗大豆花叶病毒病 3 号株系，中抗大豆灰斑病。

5.品种特征特性

中龙 608 同样具有双亲的优点，高产、高蛋白、多抗。株高 90 厘米，无分枝，紫花，尖叶，灰色茸毛，亚有限结荚习性。荚微弯镰形，成熟时呈深褐色，种子圆形，种皮黄色，种脐黄色，有光泽，百粒重 23 克。蛋白质含量 44.26%，脂肪含量 19.59%。接种鉴定高抗病毒病、中抗灰斑病,在适应区出苗至成熟生育日数 120 天左右，需 ≥10℃活动积温 2450℃左右，适于黑龙江省第二积温带种植，如图 2-14。

图 2-14　中龙 608 成熟群体和籽粒照片

（三）高蛋白种质

1.20NHYM5-30

黑龙江省农业科学院大豆研究所利用 0.4% 的 EMS 处理高蛋白品种东农 60，采用诱变育种法按高蛋白育种目标选育而成。

该突变体与野生型相之间存在显著的差异，株高 90 厘米左右，亚有限结荚习性，有分枝，紫花，长叶，灰色茸毛，荚弯镰形，成熟时呈褐色，种子圆形，种皮深黄色，百粒重 12.4 克左右，蛋白质含量 46.44%，脂肪含量 16.53%。生育期 115 天。

2.20NDFM5-8

黑龙江省农业科学院大豆研究所利用重离子束（12C6+）辐射东农 60，采用诱变育种法按高蛋白育种目标选育而成。

该突变体与野生型相之间存在显著的差异，株高 85 厘米左右，亚有限结荚习性，有分枝，紫花，长叶，灰色茸毛，荚弯镰形，成熟时呈褐色，种子圆形，种皮深黄色，百粒重 14.5 克左右，蛋白质含量 46.62%，脂肪含量 18.20%。生育期 115 天。

3.20NDFM5-17

黑龙江省农业科学院大豆研究所利用重离子束（12C6+）辐射绥小粒豆 2 号，采用诱变育种法按高蛋白育种目标选育而成。

该突变体与野生型相之间存在显著差异，株高 85 厘米左右，亚有限结荚习性，分枝，紫花，长叶，灰色茸毛，荚弯镰形，成熟时呈褐色，种子圆形，种皮深黄色，百粒重 13.1 克左右，蛋白质含量 46.26%，脂肪含量 17.15%。生育期 105 天。

第三节 多基因聚合育种技术

基因聚合育种就是利用传统的杂交、回交、复交等手段将多个有利的基因聚合到一起，将分散在不同亲本中的优异基因聚合到同一基因组，最终实现有利基因的聚合。基因聚合育种的程序主要分为两部分，第一部分是目的基因的搜集聚合，第二部分是聚合基因的固定，即聚合基因的纯合。基因聚合育种主要包括传统聚合育种、分子标记辅助选择聚合育种以及遗传转化聚合育种3种方法。传统的聚合育种方法由于需要多次回交，选育目标植株的时间较长，成本高，需要大量的人力物力；同时由于连锁累赘，回交几代后难以实现性状突破，因此通过传统育种方法聚合基因是困难的，并且易受环境、评价标准等因素的影响。

大豆的分子标记辅助育种是借助分子标记的方法快速、准确地选择大豆目标性状的目标基因，有助于在分子水平上对大豆的一些性状进行遗传改良，从而缩短育种时间，提高育种速率。通过分子标记辅助选择基因聚合是更有效的遗传改良方法，在大豆、水稻、小麦、黑麦、玉米等作物中取得了较好的效果。

遗传转化研究多数都是将单一的外源基因转入受体植物，"十三五"国家农业标志性成果耐草甘膦大豆中黄6106的选育，是遗传转化实现基因聚合的成功案例。但目前研究尚不能实现获得多个目标性状理想的转基因植物，发展植物多基因转化系统将为生物育种提供更多的可能性。

随着分子生物学的发展，基因聚合分子育种与常规育种技术相结合已成为日前作物育种的主流方向。

一、育种目标

选育优质、高产、抗病虫、抗非生物胁迫的作物新品种一直是农业科技工作者奋斗的育种目标，但自然界中许多作物的品质、产量和抗性都是由多个基因共同控制的。在多个基因共同作用下，多种蛋白质或酶得以表达，从而决定生物的表型。育种家可通过回交、远缘杂交、物理化学诱变等手段培育出高产、优质并且兼具多种抗性的品种。随着人们生活水平的提高，对作物品质的关注度也逐渐增加，粮食作物类既要求高产，又要求高质，同时还要兼具抗病，然而往往高产的作物品质都不是很高，而品质高的作物又容易感病，病虫害必然会影响作物的品质和产量，严重时甚至会导致绝产。为了解决这一问题，国内外研究者相继提出通过聚合基因育种来提高作物的产量、品质和抗性，近十年来基因聚合越来越被关注。聚合育种的价值不可低估，既可以提高对各种病害的抗性，又可以减少流行病引起的危害，培育出抗性相对持久的优良品种，因而基因聚合育种已经成为现代作物育种的一个重要手段。

聚合多个有效基因，不仅可以提高作物的抗性，而且可以提高作物的品质和产量，尤其是在抗病方面，单基因长时间反复利用容易丧失其抗病性，多基因聚合有利于拓宽抗谱，提高作物的抗性。

二、技术方法

1.分子标记辅助选择基因聚合育种

通过常规育种将分散于各个种质中的多个优良基因聚合于同一个体，从而培育优良新品种的过程缓慢、难度较大。分子标记由于能对基因型进行直接选择，具有快速、准确的优点。将分子标记技术与常规育种相结合，即分子标记辅助选择，进行作物多基因的聚合育种已得到广泛的重视与应用。随着作物遗传图谱的不断饱和，以及越来越多的目标性状基因及 QTL 的定位，分子标记辅助多基因聚合正日益体现出巨大的优势和应用前景。目前利用分子标记辅助选择进行多基因聚合育种在大田作物中已有应用，如抗稻瘟病基因 Pil、Piz-5 和 Pita 基因的聚合。分子标记辅助选择基因聚合，能同时有效地对多个抗性基因进行选择，并将之聚合于同一植株，以提高抗性，拓宽抗谱，达到持久抗性的目的。分子标记辅助选择应用于基因聚合分子育种的基本要求有：标记必须与目标性状共分离或紧密连锁，建立较大筛选群体，筛选技术具有重复性、简便低耗、安全高效的特点。分子标记辅助选择应用于基因聚合育种有以下两个重要步骤：一是将多个供体亲本中与目标性状紧密连锁的基因导入受体亲本，并根据回交与否将其分为 3 大类：①不通过回交方式；②多个供体亲本先与受体回交；③多个供体亲本间先杂交后再与受体亲本回交。二是从亲本杂交后产生的分离世代，通过分子标记筛选出含有目标基因的纯系。根据亲本杂交后产生的分离世代，应用分子标记辅助聚合育种有 5 个基本策略：利用 F2 群体及衍生群体、回交群体、重组自交系群体、双单倍体群体及同时应用多种群体筛选聚合株系。

2.品质聚合育种

随着人们生活质量的不断提高，对作物的风味、营养等品质的要求也越来越高，尤其是水稻、玉米、小麦等大田作物，如低直链淀粉含量的稻米食用品质更好。Bergman 等利用与直链淀粉密切相关的 SSR 标记，改良了水稻品种 Cadet 和 Jacinto，有效改善了水稻的口感；张光恒等通过将转基因水稻中超 123 与水稻巨胚 1 号进行杂交，并利用分子标记辅助选择技术，育成了千粒重高、籽粒饱满同时具有降血压作用的功能稻新品系；陈涛等将武育粳 3 号与抗水稻条纹叶枯病且低直链淀粉含量高的日本抗病、优质粳稻品种关东 194 进行杂交、回交，筛选出改良的武育粳 3 号，性状与其相似但更为优良且口感更好；杨梯丰等利用 GS3 基因分别与位于 1、6、7 和 8 号染色体上来自 8 个不同供体的直链淀粉含量（Wx）、香味（fgr-8）、粒宽（Gw-8）、粒重（Gwt）和早熟（Hd-1）等优良基因（QTL）进行了聚合，有效改良了华粳籼 74 的外观品质，但是对于它的品质和产量性状还有待进一步改良。相似的基因聚合在小麦和玉米上也有研究，这些研究为大豆品质聚合育种提供了较好的借鉴。

三、标志性品种与品系选育

（一）黑农84品种选育

黑农 84 是黑龙江省农业科学院大豆研究所以黑农 51 为母本，用黑农 51 与聚合杂交{[（黑农 41×哈 91R3-301）×（黑农 39×9674）]×（黑农 33×灰皮支）}的中选个体（哈R3-4809）的杂交 F1 代为父本进行回交，采用分子标记辅助选择与常规育种相结合的基因聚合方法选育而成的。2017 年在黑龙江省审定，2021 年通过审定，2021 年获得国家农作物新品种保护权，审定编号为黑审豆 2017005，国审豆 20210014，品种权号 CNA20170360.1。黑农 84 的选育实现了高产、高蛋白、多抗基因聚合的突破，是寒地分子标记辅助选择与常规育种相结合选育高蛋白品种的成功案例。

1.选育背景

黑龙江省是中国大豆的主产区，大豆面积、单产居全国首位。但与大豆主产国美国、巴西、阿根廷相比，我国大豆还存在着单产低、品质不佳、抗性较弱等差距，所以提高单产、品质，提高抗性、适应性，是满足中国食用大豆供给、提高国产大豆竞争力的重要基础。

高产、优质、多抗性状通常是多基因控制的数量性状，应用常规育种方法将这些性状聚合在一起选育出综合性状突出的优良大豆品种十分困难。分子育种选择技术已经使得农作物育种由表现型选择向基因型选择转变，通过目标性状的基因型定向选择和遗传背景的检测，可以有效打破不良连锁，将多个目标性状聚合在一起。随着各类紧密连锁标记的出现，分子标记辅助选择育种成为可能。本研究立足于优质、抗病、高产种质资源（品种）和育种技术的创新应用，试图解决黑龙江省大豆面临的抗性不强、品质不优、单产低、育种手段落后制约大豆育种和生产发展的关键问题。采用回交高代 QTL 分析与常规育种相结合技术路线，利用基于大豆分子遗传连锁图谱的目标区间定向选择（GITS）的分子育种方法，对目标性状的基因型定向选择和遗传背景进行检测，来实现大豆抗病（SMV、FLS、SCN）基因与优质、高产性状聚合，创造多抗、优质、高产的大豆新品种；建立聚合多个目标性状基因分子标记辅助选择的育种体系，为提高黑龙江省大豆抗性、品种和单产水平，促进大豆产业的发展提供科技支持，也为大豆分子标记辅助选择育种和大豆分子设计育种提供基础。

2.选育方法

（1）育种目标设计与亲本选配：根据黑龙江省大豆生产现状与国家食用大豆供给需求，制定了培育寒地大豆主产区应用的多抗、优质、高产、广适性大豆品种的目标。

亲本选配：以高光效、高产、高抗 SMV1 的大豆品种黑农 39，高产、高光效品种黑农 41，超高产、优质（蛋脂双高）的黑农 51 作受体亲本，黑农 51 作轮回亲本。以高抗 SMV3 号株系的哈 91R3-301、抗灰斑病 10 个生理小种的东农 9674、抗胞囊线虫所有生理小种的灰皮支黑豆做供体亲本。

（2）构建具有目标基因的分离群体：分别构建抗大豆花叶病毒病（SMV）、抗大豆灰斑病（FLS）、和大豆孢囊线虫病（SCN）的三个群体。分别为：黑农 39（感 SMV3）×哈 91R3-301（抗 SMV3）、黑农 39（感 FLS）×东农 9674（抗 FLS）、黑农 33（感 SCN）×灰皮支黑豆（抗 SCN）F2。

（3）对目标性状进行标记选择：针对 SMV 和 FLS，利用 F2 分离群体筛选与目的基因紧密连锁的 SSR 标记，定位 QTL，对后代进行鉴定选择；针对 SCN，利用已经建立的与 rhg1 相关联的 SNP 标记，在回交转育后代分离群体中针对抗病基因进行精准选择。

利用分子标记辅助选择和常规育种相结合的方法，将抗 SMV、FLS、SCN 的目标基因聚合到高产优质大豆品种黑农 51 上，再进行田间抗病性、产量精准鉴定及逐代跟踪品质分析，创造高产、优质、多抗大豆新品种。

3.技术路线

技术路线 1：筛选与目标基因连锁的分子标记，定位主效 QTL，如图 2-15。

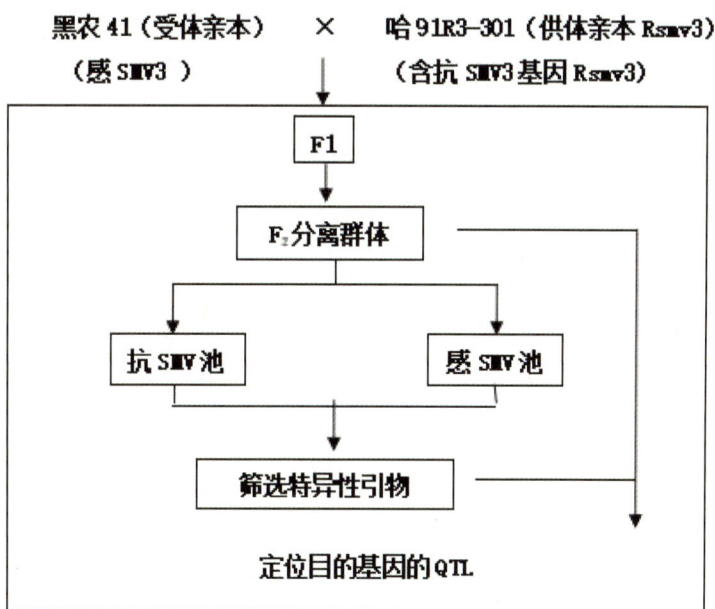

黑农41（受体亲本）　　×　　哈91R3-301（供体亲本 Rsmv3）
（感 SMV3 ）　　　　　　　（含抗 SMV3 基因 Rsmv3）

图 2-15　筛选分子标记路线图

技术路线 2 ：分子标记辅助基因聚合育种，如图 2-16。

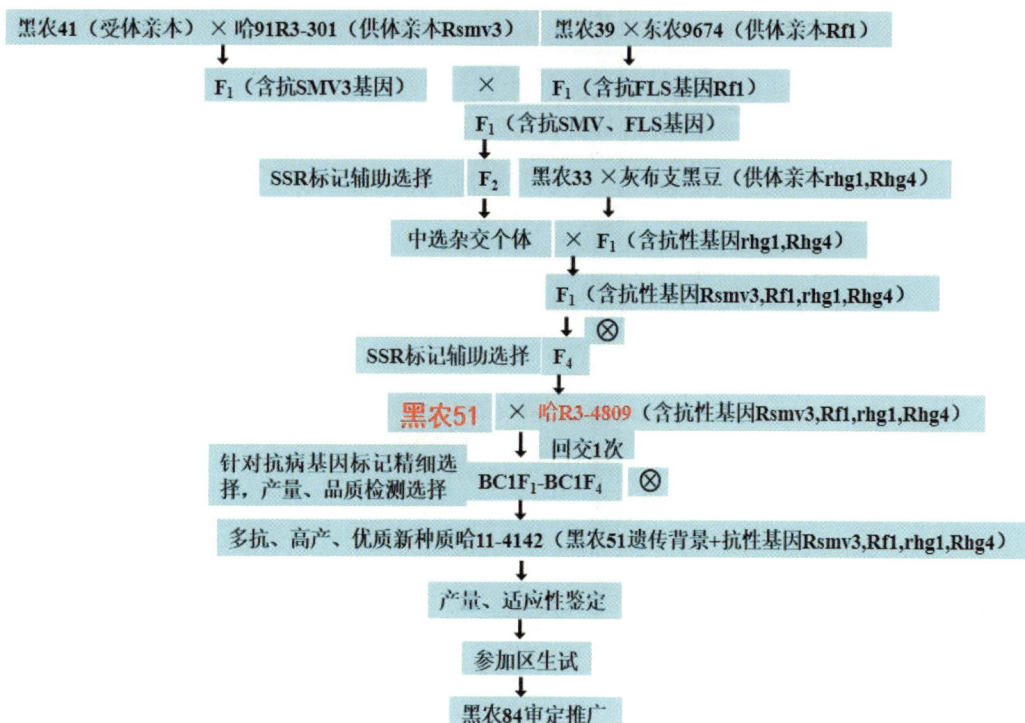

图 2-16　分子标记辅助基因聚合育种路线图

4.选育过程

（1）标记的筛选与抗病性鉴定。

①:抗 SMV3 标记筛选与 SMV 抗性鉴定:利用构建的黑农 39(感 SMV3)×哈 91R3-301（抗 SMV3）的 F2 群体 150 株，对基因型和表型进行连锁分析，鉴定出与抗性紧密连锁的 Satt296 标记，并将其定位在大豆 D1b 连锁群上，并利用 Satt296 标记对在 F2 群体中被鉴定为纯合感病的 19 个植株进行 SSR 基因型鉴定，结果表明：SSR 标记与 SMV3 抗病主基因的遗传距离大约为 6.5 厘米。我们将这个基因座位初步命名为 Rsmv3（t），将其整合在大豆 D1b 连锁群上，如图 2-17。

利用黑农 39（感 SMV3）×哈 91R3-301（抗 SMV3）的 F1 和黑农 39（感 FLS）×东农 9674（抗 FLS）的 F1 进行杂交，获得 F2 代分离群体 820 株，利用与 SMV3 病毒病抗性连锁的 Satt296，对其进行鉴定筛选，筛选出具有抗病毒病的植株 126 株，如图 2-17 所示。同时，利用分子标记对灰斑病抗性进行检测。

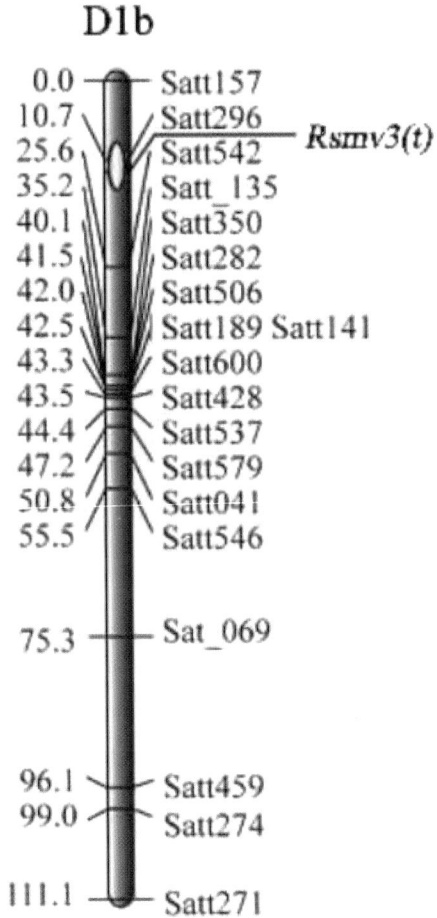

图 2-17 Rsmv3（t）在大豆 D1b 连锁群上的位置

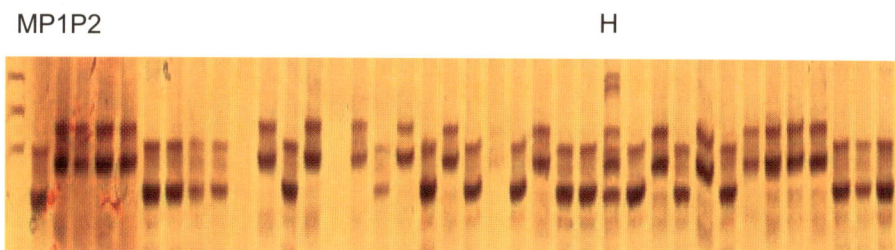

图 2-18　Satt296 在 F2 群体中扩增带型

注：P1 为抗性亲本基因型，P2 为感性亲本基因型，H 为杂合子，N 为零等位

②FLS 标记选择与后代鉴定：选择与 FLS 基因连锁的 Satt296 和 Satt565 标记，对黑农 39（感 FLS）×东农 9674（抗 FLS）F2 分离群体中的具有与 R 一致的带型的个体，表型鉴定确定 Satt296 和 Satt565 具有 80% 以上符合率。对利用黑农 39（感 FLS）×东农 9674（抗 FLS）F1 作为父本与黑农 39（感 SMV3）×哈 91R3-301（抗 SMV3）F1 进行杂交聚合的 820 株 F2 个体进行检测。再对 A 中具有 SMV 病毒抗性的 126 株 FLS 的基因型进行鉴定选择，鉴定出具有聚合抗性条带的植株 48 株，如图 2-19、2-20。

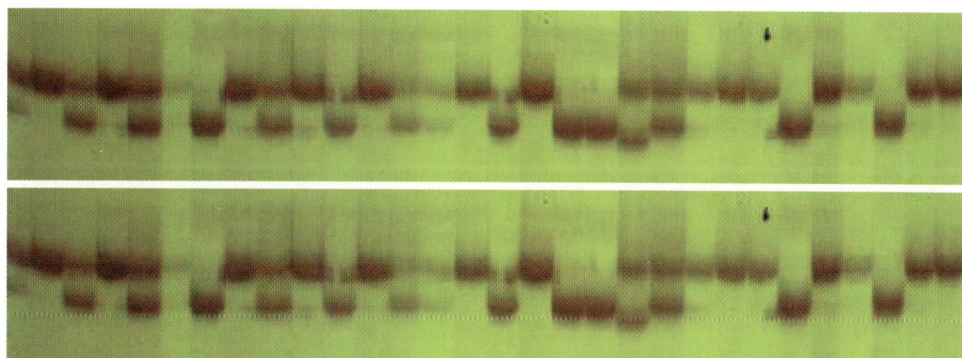

图 2-19　Satt296 在 SMV3 的 F2 群体中鉴定结果

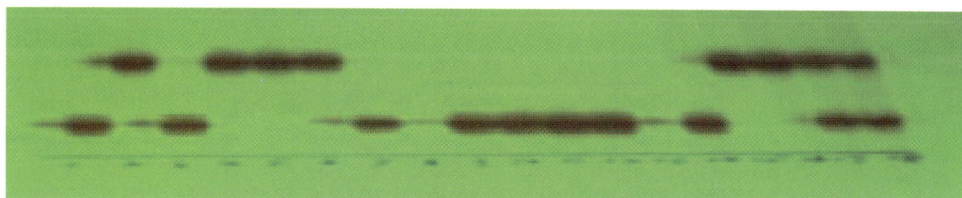

图 2-20　Satt565 在 FLS 的 F2 分离群体中基因型鉴定结果

③SCN 分子鉴定与后代选择：构建黑农 33（感 SCN）×灰皮支黑豆（抗 SCN）的 F2 群体 256 株、F4 群体 250 株，利用抗病基因序列设计的 rhg1-I4 和 SCN_Res Bridge 标记，以及与抗性连锁的 SSR 标记 Satt309、Sat_162，对不同世代的分离群体进行鉴定，在 F2：3 分离群体中单标记对 SCN 抗性的选择效率最高的为 Satt309 和 rhg1-I4（85.71%），在 F4 分离群体中单标记对 SCN 抗性的选择效率最高的为 rhg1-I4 和 SCN_Res Bridge（88.89%），

同时研究表明组合标记不能提高其选择效率。将上述中选的兼抗病毒病（SMV3）和灰斑病（FLS）的48个植株中部分植株与黑农33（感SCN）×灰皮支黑豆（抗SCN）的F1代杂交，自交F2代的育种群体886株，再利用rhg1-I4和SCN_Res Bridge标记对聚合后代的F2进行抗孢囊线虫进行检测，发现兼有三种抗性的植株38株，如图2-21。

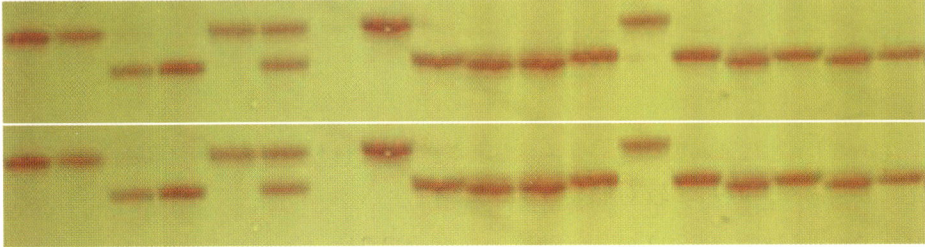

图 2-21 Satt309 在聚合 F2 群体中 SCN 的鉴定结果

④兼抗 SMV、FLS、SCN 种质的分子鉴定结果：将筛选出的具有三种病害抗性植株种植 F3 代与黑农 51 进行杂交，再回交 2 次进行自交，在 BC2F2 时利用 Satt296、Satt396、Satt565 增加 rhg1-I4 和 SCN_Res Bridge 标记对三种抗性进行选择，中选植株进行自交加代到 BC2F5，然后再利用连锁标记对三种病害进行鉴定，辅助选择，对于高世代具有三种抗性标记的聚合植株进一步进行田间选种试验。

（2）品质与产量性状的选择：2007 年黑龙江省农业科学院大豆研究所以黑农 51 为母本，用黑农 51 与聚合杂交{[（黑农 41×哈 91R3-301）×（黑农 39×9674）]×（黑农 33×灰皮支）}的中选抗病个体（哈 R3-4809）的杂交 F1 为父本进行回交，当年冬"南繁"，后按高产、优质、多抗的育种目标，在逐代对不同病害进行分子标记辅助选择的同时，进行蛋白质含量与产量的测试与选择，2010 年获得多抗并优质、高产的 F4 个体 9 株。2011 年对 9 个株行同时进行产量、品质综合鉴定，决选出综合性状优良的哈 11-4142 品系，2012~2013 年参加黑龙江省农业科学院大豆研究所所内产量鉴定试验，2013 年参加黑龙江省第二积温带预备试验，2014~2015 年参加黑龙江省第二积温带南部区区域试验，2016 年参加黑龙江省第二积温带南部区生产试验，2018~2019 年参加北方春大豆中早熟组区域试验，2020 年参加北方春大豆中早熟组生产试验。

（3）产量测试：黑龙江省品种试验产量，2014~2015 年黑农 84 参加黑龙江省第二积温带南部区区域试验，两年 11 个点次平均公顷产量 3135.2 千克，平均较对照绥农 28 增产 12.2％。2016 年参加黑龙江省第二积温带南部区生产试验，7 点平均公顷产量为 2890.8 千克，平均较对照绥农 28 增产 13%，见表 2-20。

表 2-20　黑农 84 在黑龙江省区生试产量结果

试验类别	年份	公顷产量（千克）	增产比%	对照品种
区域试验	2014	3296.6	11.5	绥农 28
	2015	3000.7	13.0	绥农 28
	平均	3515.2	12.2	
生产试验	2016	2890.8	13.0	绥农 28

（数据来源：黑龙江省种子管理局）

国家品种试验产量：2018~2019 年黑农 84 参加北方春大豆中早熟组区域试验，两年平均公顷产量亩产 3108.0 千克 ，较对照合交 02-69 增产 5.8%。2020 年产试验，平均公顷产量为 3231.0 千克，比对照合交 02-69 增产 9.8%，见表 2-21。

表 2-21　黑农 84 东北春大豆区生试产量结果

试验类别	年份	公顷产量（千克）	增产比%	对照品种
区域试验	2018	3193.5	6.6	合交 02-69
	2019	3022.5	4.9	合交 02-69
	平均	3108.0	5.8	
生产试验	2020	3234.0	9.8	合交 02-69

（数据来源：全国农业推广中心）

（4）抗病鉴定：经黑龙江省和国家农作物审定委员会指定单位接种鉴定，黑农 84 抗大豆花叶病毒病 1 号株系，中抗花叶病毒病 3 号株系，抗大豆灰斑病，耐胞囊线虫病。

（5）品质测试：2014~2021 经农业部哈尔滨和长春分中心连续 8 年的品质测试结果，黑农 84 平均蛋白质含量 42.45%，脂肪含量 19.08 %，蛋脂和为 61.53 %，达到了国家二级蛋白标准，见表 2-22，可作为优质食用或蛋白加工的原料应用。

表 2-22　黑农 84 历年品种分析结果

年份	蛋白质含量（%）	脂肪含量（%）
2014	40.07	19.02
2015	41.63	19.72
2016	40.76	19.99
2017	44.11	18.30
2018	44.32	18.72
2019	43.78	19.18
2020	41.19	19.86
2021	43.70	17.86
平均	42.45	19.08

（数据来源：农业部哈尔滨、长春分中心）

5.品种综合特征

黑农 84 株高 95 厘米,紫花,尖叶,灰色茸毛,亚有限结荚习性,以主茎结荚为主,分枝较少。主茎 18~20 节,节间短,结荚密,每节结荚多,荚熟色为褐色,籽粒圆形,种皮黄色,脐黄色,百粒重 23 克。蛋白质含量 40.82%,脂肪含量 19.58%。根系发达,秆强不倒,抗旱耐瘠薄、较耐轻盐碱,接种鉴定抗大豆花叶病毒病 1 号株系,中抗大豆花叶病毒病 3 号株系,抗大豆灰斑病、耐大豆胞囊线虫病。生育日数 118 天,所需活动积温 2400℃,适于黑龙江省第二积温带、第三积温带上限及吉林东部、内蒙古兴安盟中东部、新疆昌吉州地区春播种植,如图 2-22。

图 2-22　黑农 84 成熟群体和籽粒照片

(二)黑农 84 品质特性

黑农 84 连续 8 年品质分析结果,平均蛋白质含量 42.45%,脂肪含量 19.08%,蛋脂和为 61.53%,单年蛋白质含量最高值为 44.32%,比轮回亲本黑农 51 的蛋白含量高 2 个百分点,超过了黑龙江省的审定品种蛋脂和 3 个百分点,是优质食用型大豆原料。

1.含硫氨基酸含量较高

蛋氨酸(甲硫氨酸)是人体必需的八种氨基酸之一,不能合成。其参与组成血红蛋白、组织与血清,维持促进脾脏、胰脏及淋巴的功能。大豆贮藏蛋白中蛋氨酸总含量较低,限制了人和其他动物对大豆贮藏蛋白中其他氨基酸的吸收。黑农 84 的蛋氨酸含量是普通大豆的 2 倍,是高蛋白大豆黑农 34、黑农 48 的 1.5 倍,其免疫、解毒、降压、抗氧化性强,营养价值高于普通大豆和一般高蛋白大豆。见表 2-23。

大豆种子贮藏蛋白主要是 11S 和 7S 两种成分,7S 球蛋白组中的 α 亚基是大豆蛋白致敏原因之一;11S 球蛋白的含硫氨基酸含量较高,同时 11S 可增加蛋白的凝胶透明性,因此近些年提高 11S 球蛋白含量,降低 7S 蛋白含量,来适应工业生产,已成为大豆育种的重要目标。黑农 84 的 11S 蛋白含量较高，7S 蛋白较低，11S/7S 的比值为 2.24，是普通大豆的 1.3~1.4 倍，因而，黑农 84 不仅是高蛋白品种，更是食品加工和工业生产优质蛋白的重要原料，见表 2-24。

表 2-23 黑农 84 等品种的氨基酸组成

氨基酸种类	黑农 34	黑农 48	黑农 84	黑农 69	中龙 606	黑农 87
丝氨酸	2.20	2.21	1.90	1.80	1.98	1.86
缬氨酸	2.07	2.07	1.73	1.42	1.60	1.54
天门冬氨酸	4.86	4.72	4.11	3.68	4.12	3.92
谷氨酸	8.61	8.04	6.76	5.90	6.84	6.44
苯丙氨酸	2.25	2.24	1.98	1.66	1.90	1.78
苏氨酸	1.69	1.55	1.32	1.36	1.47	1.40
丙氨酸	1.76	1.71	1.50	1.41	1.52	1.44
胱氨酸	0.78	0.70	0.58	0.50	0.46	0.46
异亮氨酸	2.02	1.90	1.75	1.36	1.59	1.50
蛋氨酸	0.54	0.67	0.96	0.48	0.48	0.46
脯氨酸	2.21	2.02	2.65	1.54	1.75	1.65
亮氨酸	3.43	3.11	3.92	2.63	3.0	2.81
精氨酸	3.27	3.02	3.16	2.14	2.54	2.38
组氨酸	1.08	1.10	0.91	0.86	0.96	0.90
甘氨酸	1.83	1.73	1.41	1.39	1.51	1.46
络氨酸	1.47	1.40	1.47	0.98	1.06	1.00
赖氨酸	2.73	2.70	2.33	2.20	2.43	2.30
氨基酸总量	42.80	40.89	38.4	31.31	35.21	33.30

（数据来源：农业部哈尔滨分中心）

表 2-24 黑农 84 等品种球蛋白及糖含量比较

品种名称	11S	7S	11S/7S	总糖	还原糖
黑农 48	47.17	29.11	1.62	27.6	0.48
黑农 84	51.44	22.95	2.24	28.81	0.75
黑农 69	49.51	29.22	1.69	31.21	0.61
黑农 87	53.75	32.33	1.66	28.21	0.15

（数据来源：哈尔滨商业大学）

2.豆奶、豆腐加工品质优良

黑农 84 豆奶加工特性优良，豆乳质量得率（770.60 克/100 克）较高，蛋白浓度可达到 4%以上，钙含量 332.35 毫克/100 克超过国家《食品营养标签法规》对高钙食品（钙含量≥240 毫克/100 克）标准 92 毫克，说明黑农 84 豆乳产量高、高钙、蛋白品质好，稳定性好，适于工业加工豆奶、豆浆、豆腐类食品，节约成本，提高收益，见表2-25、表2-26。

表2-25 大豆籽粒品质测定结果

品种名称	灰分（%）	粗蛋白（%）	脂肪（%）	磷（mg/100g）	钙（mg/100g）
黑农48	4.89 ± 0.04	44.21 ± 0.11	19.56 ± 0.06	601.70 ± 5.16	326.20 ± 2.10
黑农69	4.80 ± 0.04	40.56 ± 0.10	21.90 ± 0.07	587.20 ± 2.07	238.50 ± 1.07
黑农83	4.62 ± 0.01	39.95 ± 0.25	21.81 ± 0.06	644.40 ± 3.20	168.60 ± 3.02
黑农84	5.04 ± 0.03	42.60 ± 0.36	20.92 ± 0.11	786.95 ± 8.56	332.35 ± 0.07
黑农87	4.59 ± 0.01	38.67 ± 0.75	23.45 ± 0.54	755.15 ± 5.44	345.95 ± 1.91
中龙606	4.47 ± 0.00	37.78 ± 0.34	22.78 ± 0.09	569.60 ± 2.20	249.40 ± 4.10

（数据来源：中国农业大学）

表2-26 大豆豆乳基础理化成分

品种名称	质量得率（g/100g）	蛋白浓度（g/100ml）	总固形物（%）	黏度（mPa.s）	酸度（ml/100g）
黑农48	763.07 ± 1.51	4.17 ± 0.07	8.35 ± 0.04	4.03 ± 0.04	10.41 ± 0.67
黑农69	734.67 ± 8.36	4.09 ± 0.10	8.28 ± 0.03	3.84 ± 0.07	9.90 ± 0.29
黑农83	761.93 ± 5.74	3.98 ± 0.01	8.16 ± 0.00	3.51 ± 0.07	8.80 ± 0.49
黑农84	770.60 ± 13.21	4.27 ± 0.06	8.22 ± 0.04	4.10 ± 0.02	9.13 ± 0.49
黑农87	732.87 ± 5.10	3.78 ± 0.06	8.14 ± 0.02	3.65 ± 0.17	8.23 ± 0.06
中龙606	753.53 ± 14.96	3.61 ± 0.01	8.32 ± 0.04	3.91 ± 0.19	7.97 ± 0.48

（数据来源：中国农业大学）

黑农84制备的豆乳与黑农48、黑农69一样具有较甜、豆香味浓郁、豆腥味较淡的特点（表2-27）。黑农84水溶性蛋白含量为35%，高于高蛋白品种黑农48，豆腐得率、保水性和含水量较高，豆腐加工品质与黑农69相近，豆乳的凝胶强度较大，凝固速率也较快，由黑农84做出的豆腐有较好的硬度，咀嚼性好，适合做石膏豆腐，做豆干产品。而黑农48豆腐得率最高，保水性和含水量最高且硬度和咀嚼性最低，豆腐口感较为软嫩，适宜工业化生产，见表2-28、表2-29。

表2-27 大豆豆乳感官评价结果

品种	甜度	苦味	涩感	色泽	豆香味	豆腥味	浓度	润滑度
黑农48	5.30 ± 1.95	8.60 ± 4.14	7.60 ± 3.20	4.00 ± 0.94	3.65 ± 1.11	5.80 ± 3.01	6.20 ± 1.81	8.10 ± 1.10
黑农69	5.80 ± 1.40	9.20 ± 2.74	7.50 ± 1.65	3.85 ± 1.06	3.50 ± 0.97	5.90 ± 1.37	5.90 ± 1.10	8.10 ± 1.20
黑农83	5.90 ± 1.52	8.90 ± 3.31	7.35 ± 2.11	4.40 ± 0.84	3.80 ± 0.92	5.60 ± 1.65	5.80 ± 1.23	8.20 ± 1.14
黑农84	5.90 ± 1.79	8.90 ± 3.14	6.95 ± 2.87	4.10 ± 1.10	4.40 ± 0.70	6.00 ± 2.05	5.85 ± 0.82	7.40 ± 1.07
黑农87	5.90 ± 2.08	7.50 ± 4.35	8.10 ± 3.70	4.20 ± 1.03	3.75 ± 1.18	6.90 ± 1.97	5.10 ± 1.73	7.60 ± 1.35
中龙606	6.35 ± 1.56	9.20 ± 2.90	7.60 ± 2.55	4.80 ± 0.42	4.30 ± 1.06	6.70 ± 1.83	5.50 ± 1.18	7.70 ± 0.95

（数据来源：中国农业大学）

表 2-28　水溶性蛋白含量

品种	黑农 48	黑农 84	黑农 69	中龙 606	黑农 87
水溶性蛋白%	34.4	35.0	23.6	23.2	26.1

（数据来源：农业部哈尔滨分中心）

表 2-29 大豆豆腐品质指标

品种	质量得率（g）	保水（%）	含水量（%）	硬度（g）	黏性（mJ）	内聚性	弹性（毫米）	咀嚼性（mJ）
黑农 48	337.90 ± 23.05	73.85 ± 0.18	79.58 ± 0.42	317.64 ± 24.36	0.06 ± 0.02	0.69 ± 0.01	5.02 ± 0.07	11.04 ± 0.83
黑农 69	323.60 ± 10.75	72.60 ± 0.21	77.44 ± 0.15	526.92 ± 38.85	0.08 ± 0.03	0.69 ± 0.01	5.07 ± 0.06	18.19 ± 1.63
黑农 83	274.60 ± 6.51	73.31 ± 0.43	78.25 ± 0.52	506.76 ± 56.22	0.05 ± 0.03	0.68 ± 0.01	5.07 ± 0.05	18.70 ± 2.36
黑农 84	330.12 ± 18.30	72.12 ± 0.11	76.76 ± 0.19	416.36 ± 12.86	0.06 ± 0.02	0.69 ± 0.01	5.12 ± 0.07	14.86 ± 0.67
黑农 87	289.59 ± 18.82	71.10 ± 1.86	76.79 ± 1.47	473.32 ± 31.30	0.06 ± 0.02	0.69 ± 0.01	5.22 ± 0.08	17.28 ± 1.22
中龙 606	259.70 ± 2.12	70.98 ± 0.14	76.93 ± 0.93	431.40 ± 58.36	0.09 ± 0.02	0.70 ± 0.01	5.31 ± 0.01	16.62 ± 2.02

（数据来源：中国农业大学）

（三）黑农 84 遗传基础解析

黑农 84 继承了国内外多个亲本的优异基因，具有高产、高蛋白、多抗的特点，其多抗性填补了国家高抗病毒病、抗灰斑病、耐胞囊线虫病品种省定的空白。通过对黑农 84 系谱亲本的全基因组鉴定解析了优异特性的基因组区段构成特点，发现其高产、高蛋白特性来源于轮回亲本黑农 51。

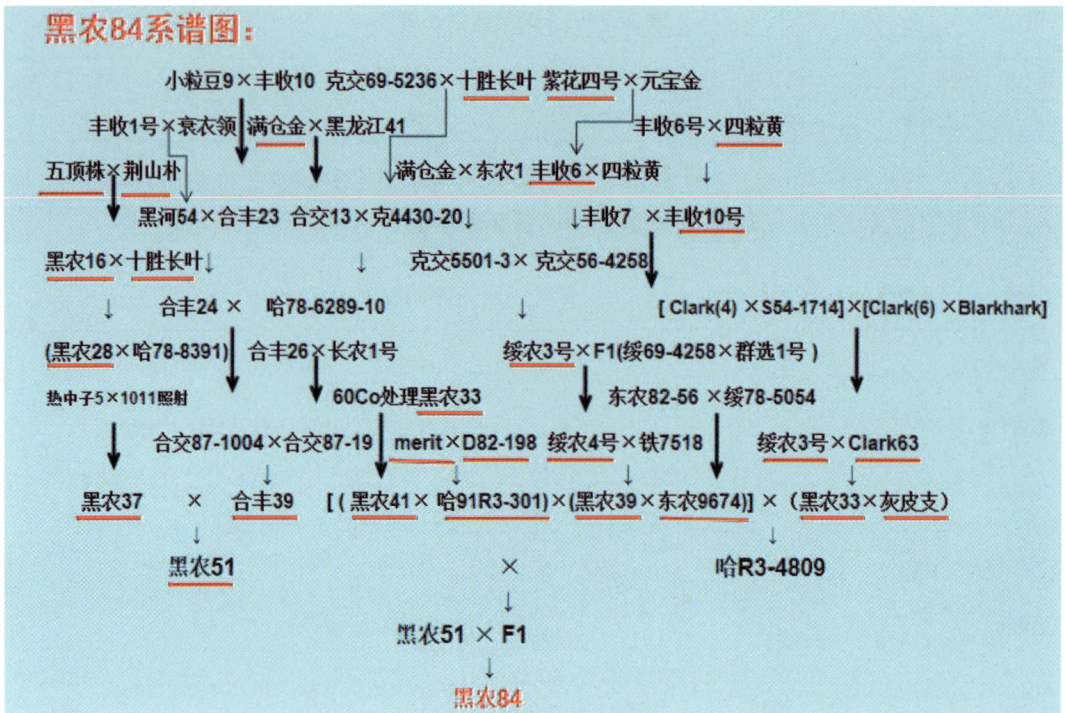

图 2-23 黑农 84 系谱图

利用黑农 84 与 7 份系谱材料进行 IBS 分析，黑农 84 与携带 SCN 抗性的灰皮支黑豆、轮回亲本黑农 51 分别有 37 个和 106 个唯一 IBS。在源于黑农 51 的 3 个 IBS 内也发现了 3 个与株型、产量和品质有关的基因，其中 Glyma.01g120400 与种子蛋白质含量有关，Glyma.01g147800 可能调控单株粒重，黑农 84 Glyma.02g133000 则控制大豆株高。

对抗 SMV3 的抗性来自于供体亲本哈 91R3-301 位于 2 号染色体上的抗病基因，但在品种选育过程中创新性地保留了基因重组产生的抗性基因新位点。通过建立黑农 84*中黄 13 群体，利用 BSA-Seq 技术，完成了黑农 84 抗 SMV 基因的定位，命名为 Rsv1-N3，结果发现，黑农 84 对 SMV N3 的抗性，由一对位于定位在 13 号染色体主效基因控制，明确该基因可能是 Rsv1de 的等位基因，因此，黑农 84 具有非常好的广谱抗病性。针对该基因位点开发了两对高度共分离的扩增序列酶切多态性 CAPS 引物，该标记在黑农 84 的后代群体中对 SMV3 抗性选择准确率为 100%，可用于育种后代抗 SMV3 的快速鉴定与选择。

（四）创建分子标记辅助选择的聚合育种方法体系

黑龙江省农业科学院大豆所育种团队具有 60 余年的育种资历，第三代育种人已有近 40 年的育种实践经验，团队在传统育种基础上利用分子生物学手段直接对与目标基因紧密连锁的分子标记的基因型进行辅助选择，并在杂交、复交、回交程序中，对多个目标基因型进行标记选择，实现基因聚合、基因渗入，通过前景选择和背景选择，获得与目标基因型纯合、遗传背景一致、综合农艺性状优良的新品种（品系）。团队在实施以聚合大豆多个抗病基因创造新品种、提高选择效率的研究实践过程中，提出"优势群体选择+目标个体选择相结合、表型鉴定+基因型鉴定相结合、田间鉴定筛选+室内精准检测择优相结合、前景选择+背景选择相结合"的四结合育种选择方法，创建多基因聚合大豆育种体系，并成功应用于育种实践。实现了由传统育种的表现型选择向表现型和基因型相结合的分子育种选择转变，为分子设计育种与生物育种提供了有益参考，体系内容如下。

（1）育种目标设计，选育兼具多个目标性状、综合农艺性状优良的春大豆品种（品系）。

（2）选择优良品种为受体亲本和含有目标基因的供体亲本，进行有性杂交。

（3）构建具有目标基因的 F2 分离群体，选择优势群体进行表型鉴定分析，分子标记鉴定基因型。

（4）筛选与目标基因紧密连锁的标记，定位 QTL，利用标记针对目标性状进行精细定位。

（5）利用分子标记辅助选择和常规育种相结合的方法聚合目标基因，进行田间鉴定筛选+室内精准检测择优相结合，前景选择+背景选择相结合，创造多基因聚合的大豆新品种（种质）。

第四节　生物育种技术发展

大豆为人类和动物提供了丰富的蛋白质和油脂，是世界上重要的粮油作物。转基因技术在大豆上的成功商业利用成为生物技术推动农作物生产发展的经典范例。随着全球对大豆需求的增加，迫切需要加快大豆功能基因组的研究和育种速度，以提高大豆的产量和品质。目前，大豆育种工作依旧处于常规育种技术向分子育种技术转变的过程中，在这个转变过程中急需加快对控制大豆各种重要性状的关键基因及其调控网络的认识与了解，来推动大豆分子设计育种体系的建立，并利用生物技术等手段获取或创制优异种质资源作为大豆分子设计育种的元件，根据预定的育种目标，通过系统生物学的手段，实现设计元件的组装，培育理想的目标新品种。

一、全基因组选择技术

全基因组选择（genomic selection，GS）是一种新兴的分子育种方法，它利用训练群体的基因型和表型数据建模，然后对只有基因型的育种群体进行表型预测和选择。

Wong 等以油棕为研究对象的模拟结果表明，全基因组选择策略的遗传进度高于传统表型选择 4%~25%。马岩松针对大豆百粒重利用全基因组选择进行预测，准确度变化范围为-0.15~ +0.75。全基因选择技术在大豆蛋白育种上也得到一定应用，目前选择具有代表性和多样性的训练群体将与蛋白质含量相关的预测能力提高到 0.92。随着测序技术的进步和对有助于预测准确性的因素的深入理解，全基因组选择有望在选择包括蛋白质含量在内的多基因控制的复杂性状方面显示出优势，同时再结合基因编辑技术，为将来提高大豆蛋白含量育种提供更多助益。

二、基因组编辑技术

基因组编辑技术的出现为大豆分子设计育种提供了革新的生物技术手段，同时基因组编辑技术以其强大的定点修饰能力逐渐取代传统诱变育种的手段，当前以 CRISPR/Cas 技术为代表的基因组编辑技术已经开始应用于大豆的遗传改良，并在改善大豆品质、调控大豆生育期以及提高大豆抗逆性等方面显示出强劲的应用前景。为了研究大豆中蛋白质的组成，培育高蛋白大豆，Li 等利用 CRISPR/Cas9 技术靶向编辑了大豆种子总的贮藏蛋白基因。该工作设计并开发了种子贮藏蛋白突变的品种，为未来的大豆育种工作者提供了有用的种质资源。为了改善大豆油和蛋白质产品的食用品质，Wang 等利用一个混合的 CRISPR/Cas9系统对大豆 LOX 基因进行了编辑，创制了无腥味大豆，提供了一种快速、经济、创造新的无 LOX 大豆品种的实用方法。Sugano 等也利用 CRISPR/Cas9 系统同时对成熟的大豆种子中两种主要的致敏蛋白进行了定点诱变，有效地改变了大豆种子中致敏蛋白的成分，改善了大豆种子的品质。

基因编辑技术不仅可以在短时间内解析控制大豆各种重要农艺性状关键基因的调控网络，还可根据需求创制优异且不含转基因成分的种质资源，为加快大豆分子设计育种进程提供了理想手段。

三、转基因技术

转基因技术的是将人工分离和修饰过的优异基因，导入到生物体基因组中，从而达到改造生物的目的。转基因作物是基因组中含有外源基因的植物，是通过原生质体融合、细胞重组、遗传物质转移、染色体工程技术获得，改变作物的某些遗传特性，培育优质新品种。转基因的遗传转化的方法一般是通过组织培养再生植株，常用的方法有农杆菌介导转化法、基因枪法。

随着 1994 年孟山都公司培育的抗草甘膦转基因大豆被批准商业化种植,自此大豆转基因技术在美国、阿根廷、巴西得到了大面积的推广。目前转基因大豆已成为世界上种植面积最大的转基因作物,年平均种植面积近 1 亿公顷。随着转基因技术的发展和更多功能基因的克隆与解析,以原孟山都、先锋等为代表的跨国公司开始广泛应用生物育种技术,成功培育出耐除草剂、抗虫、高油酸、抗旱等转基因大豆品种,建立了基于机械化、信息化、智能化的现代生物育种技术体系。

目前,我国已经成为继美国之后的第二大转基因研发大国,获得具有自主知识产权、重大育种价值的关键基因 100 多个,转基因专利总数位居世界第二,实现了从局部创新到"自主基因、自主技术、自主品种"的整体跨越,这意味着我国转基因育种体系已经形成。截止 2022 年,中国转基因大豆也取得了长足发展,已经有 3 个抗除草剂大豆品种(转化事件)(SHZD32-01、DBN9004 和中黄 6106)获得转基因生物安全证书,以主编团队育成的中联豆 1505、中联豆 1510 为代表的中国第一批抗除草剂转基因大豆,已通过国家试验示范,进入了实审阶段,实现了中国转基因大豆育种的新突破。

转基因技术被认为是农业革命性的技术,其研究、应用和实践对我国农业的发展将产生重要影响,将推动未来的大豆育种、大豆产业高效发展。

第三章　寒地高蛋白大豆生产技术

大豆品种的蛋白质含量主要受遗传特性因素的控制，是主要内因，约占到 70%~80%；而环境因素是影响蛋白质含量的外因，起次要作用，约占到 20%~30%。大豆籽粒中蛋白质的积累动态呈 W 型曲线增长，籽粒形成过程中的蛋白质含量呈高—低—高的动态变化，不同的环境因素和栽培措施会对其蛋白含量产生很大影响。可见，要在生产中提高大豆蛋白产量，不仅要选择高蛋白品种种植，还需要保障品种蛋白含量提升的配套栽培技术。作为我国大豆的主产区、黑龙江省地处高寒地区，其气候条件不利于大豆蛋白质的积累，所以研究优化寒地高蛋白大豆生产技术是确保黑龙江省大豆蛋白产量提升的重要措施。

第一节　选地与耕整地

根据生态区特点优化种植结构，选择地势平坦，中等以上肥力，保水保肥性能良好，排灌方便，前茬未使用长残留除草剂的轮作地块，宜采用"玉—豆—杂粮"或"玉—玉—豆"等合理轮作模式。

选择合适的土壤有助于提高大豆生产水平。大豆的适应能力很强，对土壤的要求不高，但为了提高大豆栽培水平，最好选择土质肥沃、相对疏松的土壤，土壤的透气性良好，有利于保墒，促进大豆根系生长。大豆不同于其他的农作物，对茬口的要求很高，在种植大豆的时候尽量避免重茬或迎茬，所以应选择两年之内没有种植过大豆的地块，以免加重病虫害频繁发生。大豆的前茬作物最好是禾本科作物，比如玉米、高粱等，都可以和大豆进行轮作。

提倡秸秆还田、少免耕整地，以耙茬、深松为主，耕翻为辅，一般 2~3 年耕翻一次，深度在 40 厘米左右。根据选择地块的土壤墒情和基础条件选择整地方式，坚持做到保底墒、封表墒、备播种。选择合适的地块之后要及时进行整地，即对土壤进行翻耕，使土壤保持疏松，避免土壤凝结成块。同时要清除土壤中的杂物，耕地翻耕的时候还可以适当增施一些有机肥、复合肥料，提高土壤的营养水平，提高大豆产量和质量。

一、合理轮作选茬

（一）轮作的概念

轮作指在同一田块上有顺序地在年（季）度间轮换种植不同作物或复种组合的种植方式。如大豆—玉米—玉米三年轮作，这是在年间进行的单一作物的轮作；也有年内的换茬，如小麦—油菜、小麦—大豆、小麦—白菜等轮作，这种轮作由不同的复种方式组成，因此，也称为复种轮作。

（二）轮作的优缺点

1.优点

轮作是唯一一种无需增加成本就能提高效益的生产模式。轮作既可均衡利用土壤养分、还能有效地改善土壤的理化性状，调节土壤肥力，实现土地用养结合，又可减少病、虫、草害，实现作物生态补偿，达到增产增效的目的，能够促进农业可持续发展。如图3-1，图3-2。

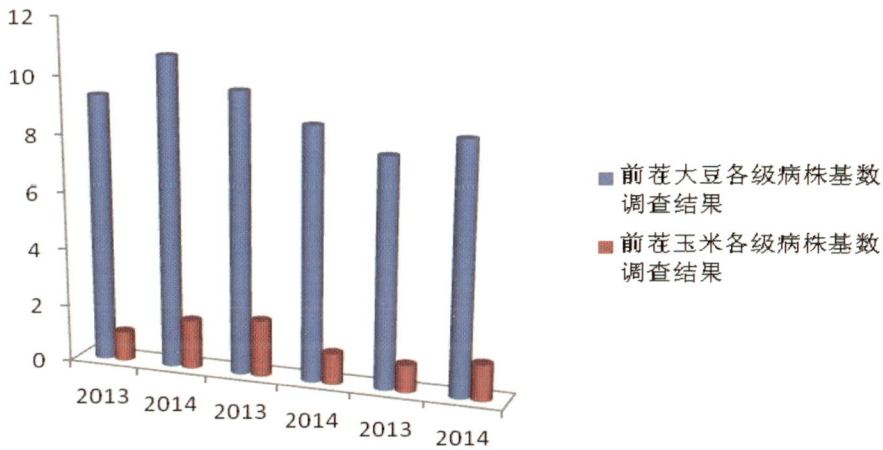

图 3-1　轮作与重茬大豆根腐病发生程度对比

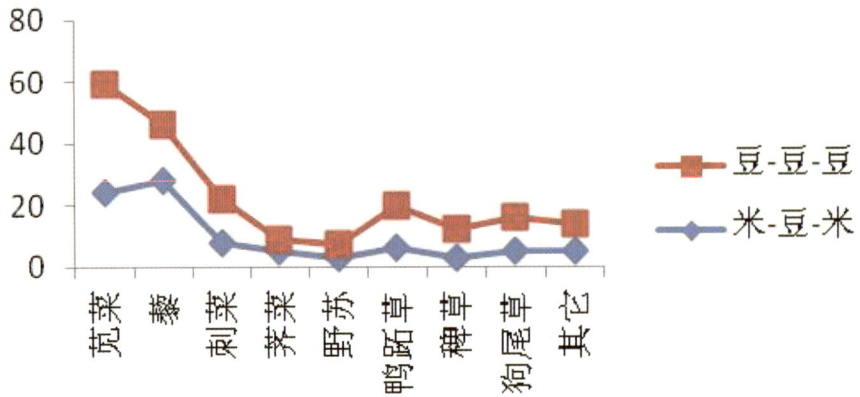

图 3-2　轮作与重茬大豆主要杂草发生程度对比

（1）轮作能改善土壤生物学环境：土壤生物学环境变化主要包括土壤微生物和土壤酶活性变化。土壤微生物和土壤酶活性能够较为灵敏地感受土壤环境因子改变带来的变化而作出相应改变，从而影响作物生长。土壤酶和土壤微生物在一定程度上可以衡量土壤生物学活性，评价土壤肥力高低。研究表明，轮作土壤酶活性均显著高于连作土壤酶活性，比较玉米连作、大豆连作与玉米—大豆轮作后土壤酶活性和根系微生物群落多样性发现，轮作处理组酶活性、微生物群落多样性总体上均明显高于对照组。孙倩等研究在不同作物轮作条件下土壤酶活性和土壤细菌群落发生的变化发现，轮作能够提高土壤酶活性，降低土壤中细菌的种类和数量，影响细菌分布。

（2）改良土壤理化性质：土壤理化性质改变主要包括土壤团粒结构、土壤养分、土壤酸碱性等物理性质及化学性质的改变。土壤团粒组成比例反映土壤结构的稳定性和抗蚀性，主要受到土壤有机碳含量、种植制度和轮作模式等的影响。土壤有机碳多存在于0.25~10毫米的土壤大团聚体中。土壤微生物数目和土壤团聚体数量呈显著正相关。土壤酸碱性影响土壤质量，进而影响作物生长。白怡婧等通过多年田间定位试验研究玉米连作以及玉米与其他作物、绿肥轮作对土壤有机碳和土壤团聚体组成的影响，结果表明，轮作能减少对土壤团聚体的破坏。宋丽萍等通过对比苜蓿连作、休耕、与不同作物轮作发现，相对于连作障碍而言，轮作能显著降低耕层土壤容重，增加土壤团聚体含量。蔡艳等对比黄土高原常见种植制度连作、粮草轮作、粮豆轮作发现，小麦与豆科植物轮作可增加土壤有效养分含量，提高作物产量。王强通过对大棚蔬菜—水稻的长期轮作研究发现，长期种植蔬菜会降低土壤硝化作用强度；在水旱轮作中会促进土壤硝化作用强度增加；水旱轮作表层土壤 pH 值无明显差异；土壤中的养分具有良好后效。万年鑫等研究马铃薯—玉米轮作与马铃薯连作对土壤养分和酶活性的影响发现，连作模式下土壤养分全部降低且降低明显，而轮作可减少对土壤养分的消耗。

（3）促进作物生长：轮作使土壤生物学环境和土壤理化性质发生改变，二者的变化主要反映在作物生长中，对作物生长的研究主要集中于地上部生长、根系生长和产量。衡量地上部生长的生理指标为植株形态、株高、茎粗、叶面积、生物量、叶片光合；衡量地下部生长的生理指标为根表面积、根体积、根系总长、总干质量。合理轮作会促进作物生长，表现为出苗整齐，生物量增加，根系体积、表面积、总长、总干质量均有显著提高，大豆主要单株荚数、单株粒重、百粒重等与产量相关的指标显著增加，大豆产量增加，经济效益显著提高。

2.缺点

轮作给土壤和作物带来许多优势，但也有一些不足。亲缘关系较近、扎根深度相近的作物轮作对土壤孔隙度和耕地适耕性都有不良影响。轮作模式中若无豆科、禾本科、绿肥等具有某种特殊功能的作物参与，则作物易对土壤氮、磷、钾元素产生偏耗。多数绿叶菜类作物生长周期较短，较其他轮作品种成熟早，若无与其相配合作物接替种植，会造成土地裸露，土壤水分丧失，不利于其他作物继续种植。易感染相同病虫害的作物轮作后会增加作物病虫害，降低产量。不同作物能够轮作的年限不同，有些作物只适用于短期轮作，时间稍长就会产生病虫害。不同作物对土壤酸碱度要求不同，有些作物（甘蓝、马铃薯等）种植后会造成土壤酸性增加，若轮作种植这些作物，会使土壤 pH 持续降低，不再适宜种植。

寒地大豆生产中轮作换茬时应注意前茬对后茬除草剂的药害问题，玉米田的烟嘧磺隆、莠去津、大豆田的氟磺胺草醚、异噁草松等，容易对后茬作物产生影响。对莠去津残留敏感的后茬作物有水稻、大豆、瓜类、甜菜、烟草等；对烟嘧磺隆残留敏感的后茬作物有水稻、高粱、谷糜、瓜类、甜菜、十字花科蔬菜等；对氟磺胺草醚残留敏感的后茬作物有玉米、水稻、瓜类、甜菜、马铃薯等。

（三）寒地高蛋白大豆生产合理轮作体系

米豆轮作是大豆主产国的主要种植模式，构建玉米—大豆—玉米、玉米—玉米—大豆轮作技术体系。大豆是固氮作物，本身可以固氮，其落叶、根茬落的土壤可增加有机质含量，是其他作物良好的前茬，所以豆茬又称油茬、肥茬，可改善土壤环境，提高下茬玉米产量。两茬玉米换一茬大豆，可有效解决长期制约玉米、大豆生产的连作障碍问题，能够恢复和提升地力、缓解病虫的危害、改善重茬大豆不良的生育状况，实现土地用养结合和轮作周期内各作物均衡稳定增产增效。研究表明，传统耕作条件下大豆茬种玉米，玉米可增产 1113%；大豆—玉米隔年轮作的产量高于大豆连作，平均增幅 7.3%。

1.中南部地区大豆生产土壤轮作模式

该地区以"防春旱和阶段性伏旱、加深耕层、提升地力"为重点,与米—豆—米、米—经—豆轮作配套,实行松翻、少免耕相结合的轮耕模式。第一年秋季玉米秸秆粉碎抛撒后,实行深翻、重耙起垄(或重耙混拌,深松起垄);第二年播种杂粮或经济作物,秋季秸秆粉碎还田,采取耙茬起垄;第三年播种大豆,秋季秸秆粉碎全覆盖还田,下一年春季免耕播种玉米,如图3-3。

2.西部干旱区大豆生产土壤轮作模式

该地区以"蓄水保墒、防风固土、覆盖耕作"为重点,与米—杂—豆、米—豆—米、米—饲—豆轮作配套,实行以深松为主体,少免耕土壤耕作模式。第一年秋季玉米秸秆粉碎抛撒后,部分秸秆还田,实行灭茬深松起垄;第二年春季播种杂粮、豆类或饲草,秋季秸秆粉碎还田;第三年春季原垄卡种大豆,秋季玉米秸秆粉碎全覆盖还田,下一年免耕播种玉米。

3.东部低湿区土壤轮作模式

该地区以"改良土壤、增强通透性、促进排水防涝"为重点,与米—豆—麦、米—豆—薯轮作配套,实行松翻结合、大垄高台土壤耕作模式。第一年秋季玉米秸秆粉碎抛撒后,采取深翻、重耙起大垄(或浅翻深松起大垄);第二年播种大豆,秋季秸秆粉碎还田,耙茬平作或起大垄;第三年平播小麦或垄播马铃薯,秸秆粉碎还田,浅翻深松(或耙茬)起大垄,下一年播种玉米。

4.西北部低温区土壤轮作模式

该地区以"增温蓄热、抢夺积温、抗旱促熟"为重点,与豆—麦—薯、豆—麦—米、豆—麦—杂轮作配套,实行浅翻深松、耙茬少耕、大垄高台土壤耕作模式。第一年秋季大豆秸秆粉碎还田,实行耙茬整地;第二年平播小麦,秋季秸秆粉碎还田,伏翻(或深松),耙地起大垄;第三年播种玉米、马铃薯或杂豆—玉米、杂豆灭茬扶垄,马铃薯耙茬起大垄,第三年播种大豆。

图 3-3　高蛋白大豆生产轮作模式

二、高标准耕整地

（一）整地的概念

整地是指作物播种或移栽前进行的一系列土壤耕作措施的总称，整地的目的是创造良好的土壤耕层构造和表面状态，协调水分、养分、空气、热量等因素，提高土壤肥力，为播种和作物生长、田间管理提供良好条件。整地的主要作业包括浅耕灭茬、翻耕、深松耕、耙地、耢地、镇压、平地、起垄等。

（二）整地类型

1.按整地时间可分为

（1）秋整地：在伏、秋进行整地，通过灭茬、耕翻或耙茬深松、后耙耢、起垄等工作措施使土壤基本达到播种状态，播种前只需镇压即可。

（2）春整地：在春季进行整地，春整地要根据土壤墒情决定整地方式，对墒情适宜土壤，在土壤化冻10~15厘米时，采取旋耕灭茬、深松、起垄、镇压连续作业，避免跑墒；对在干旱地块，采取免耕方式，灭茬原垄种或垄上条耕，以免动土跑墒。

2.按整地措施可分为

（1）免耕：免耕的原意是保护性耕作制度，在没有翻耕过的土壤上种植作物，应用上季作物残茬来覆盖土壤，只在种子部位松动土层播种耕作，也称直接栽种法，主要目的是防止土壤流失。免耕措施包括 3 种类型，控制是免耕栽培的主要动力。

①覆盖耕作：播种前翻动土壤，使用的耕作机具包括深松机、中耕机、圆盘耙、平耙、切茬机。药物或中耕除草。

②垄耕：除施肥外，从收获到播种不翻动土壤。种子播在垄台的种床上，用平耙、圆盘开沟机、小犁或清垄机开床。残茬留于垄间表面，药物或中耕除草，中耕时重新成垄。

③不耕：除施肥外，从收获到播种不翻动土壤。种子播在窄种床上，以小犁、清垄机、圆盘开沟机、内向铲或施耕机开床。主要以药物控制杂草，非紧迫时不中耕除草。

（2）少耕：收获后残茬覆盖 15%~30%的土壤表面，或留下每公顷 560~1121 千克小块残茬的耕作制度，药物或中耕除草。

（3）常规耕作：收获后被作物残茬覆盖的土壤表面少于 15%，或每公顷留下不足 560 千克残茬的耕作制度。通常包括浅耕灭茬、翻耕、深松耕、耙地、耢地、镇压和其他强力耕作，药物或中耕除草。

3.常规整地方式与操作步骤

（1）翻耕：翻耕是用有壁犁翻转耕层和疏松土壤，并翻埋肥料和残茬、杂草等的作业。是整地作业的中心环节。伏、秋翻地耕深为 30~40 厘米。通过秋翻地将耕作一年的表土层翻到下层，加速土壤熟化，有利于促进土壤团粒结构的形成。加厚活土层，加深耕作层，深耕打破了原有坚硬的犁底层，使活土层增厚，有利于土壤中水、肥、气、热条件的改善。抗旱保墒，秋翻后，土壤空隙增多，能把冬春雨雪水积贮起来，有利于抗旱保墒。秋翻地能消灭多年生杂草，也可防除一年生杂草。同时，能把地下害虫翻到地表，把地上虫卵翻入地下，使其失去生存条件，抑制害虫繁殖、越冬。经实践证明，合适的土壤含水量应以 18%~22% 为宜。土壤含水量过高，经过机械翻地后的土壤成条状，土壤的黏性过大。土壤颗粒黏结在一起成为土块，待土块干后硬度及黏结力很大，不容易耙碎，即使多次耙地，也不容易打散。土壤含水率过低，低于 18%也不利于秋翻，会增加机械的阻力，影响工作效率，同时耕作质量变差。

（2）灭茬：浅耕灭茬是用圆盘灭茬耙、旋耕机、灭茬犁等破碎根茬、疏松表土、清除杂草的作业。在作物收获后、翻耕前进行，能提高翻耕与播种质量。在一年多熟地区，可浅耕灭茬后直接播种下茬作物，也可不浅耕灭茬，直接翻耕。

（3）深松：深松耕法是用深松铲或凿形犁等疏松耕层，破除犁底层的作业。"深松耕法"（少耕法）是黑龙江省从 20 世纪 60 年代开始试验研究、改革机具并付诸使用的一种新的土壤耕作方法。深松耕法既继承了我国精耕细作的优良传统，又吸收了国外少耕法和免耕法的经验，是土壤耕作技术上的一项重要突破。深松耕法的特点是，分层深松，土层不乱；间隔深松，虚实并存；耕种结合，耕管结合；方法多样，机动灵活。"分层深松"形成上层有充分散碎土层覆盖、具有大量大孔隙的表土层，防止土壤水分蒸发，增强水分渗透能力。"土层不乱"是指深松时土壤层次没有翻转，保持原来的层次，既达到深耕又失墒少；土壤肥力较高，越向下层根系越少，肥力也较差，保持表土肥沃层不乱有利于后茬作物根系萌发。底土层在原处熟化可逐渐释放其有效肥力。垄沟深松，可以起到放寒增温、疏松土壤、促进大豆早生快发的作用。据调查，在出苗至第一复叶展开期间，深松地块 0~20 厘米耕层的地温较未深松的高 0.5~1℃，复叶展开提前 1~3 天；秋季深松地块比未深松地块可提早成熟 2~3 天。深松可以创造一个虚实并存的土壤结构，增强土壤蓄水保墒和防旱抗涝的能力。据虎林县农技站在旱季调查，0~20 厘米耕层含水量深松地块为 24.5%，未深松地块为 21%，深松地块比未深松地块高 3.5%；在雨季调查，深松地块 0~20 厘米耕层水分含水量为 31%，而未深松地块为 34%，深松地块较未深松地块低了 3%。深松既能贮存一定数量的水分，又能排除过量的饱和水，起到了渗水排涝、蓄水抗旱的作用。深松作业必须打破犁底层，深度一般要大于 25 厘米，不超过 40 厘米；如果采用凿（铲）式深松机，相邻两铲间距不得大于 2 倍深松深度；为了防止土壤水分蒸发，深松机应加装性能良好的碎土、合墒等装置。

（4）耙地：耙地是翻耕后用各种耙平整土地的作业，耙深 4~10 厘米。用圆盘耙、钉齿耙等耙地，有破碎土块、疏松表土、保水、提高地温、平整地面、掩埋肥料和根茬、灭草等作用。作物收获后，用圆盘耙耙地，先顺耙一次，再对角耙一次，一般轻耙为 8~10 厘米，重耙为 14~16 厘米。使残茬与表土混合，造成适宜的种床和根床。耙茬分秋耙茬和春耙茬，秋耙茬的增产效果好于春耙茬。耙茬地可进行浅松或深松。耙茬耕层不翻转，沃土集中，耕层上松下实，土壤容重 1.1~1.2 克/厘米^3，耙茬利于增温保墒。九三农场管理局科研所测定：耙茬地 1 立方米土层贮水 110.4 毫米，翻地贮水 87.6 毫米，二者相比多 22.8 毫米，约高 26%。耙茬地板较实，利于机械作业，收获机具阻力小，可减轻机械磨损和燃料消耗，在多雨年份收获时不易陷车，工效高、成本低。耙茬也有不足之处，如田间杂草多而集中，后期有脱肥现象，需要通过化学药剂除草和适当增施肥料来解决。

（5）耱地：耱地是中国北方旱区在耙地后或与其结合进行的作业，可起到平整土地、细碎土块、轻度镇压等作用。

（6）镇压：镇压是在翻耕、耙地之后用镇压器的重力作用适当压实土壤表层的作业，起到紧实土壤、减少水分蒸发的作用。

（7）平地：平地是用平土器进行平整土地表面的作业。平整地面，利于播种和田间管理，对灌溉地区更为重要。可用机引或马拉平地器作业，若结合耙地、耱地、镇压等进行复式作业，效果良好。

（8）起垄：起垄是在田间筑成高于地面的狭窄土垄，能加厚耕层、提高地温、改善通气和光照状况，便于排灌。

4.高质量耕整地

土壤耕作是大豆栽培的基础，是养护土壤的重要手段，是构建大豆生育环境的长久措施。所以高质量的耕整地是保障寒地高蛋白大豆大面积生产高产的重要栽培技术环节。

（1）整地时期：以秋整地为佳，秋季整地可以建立"土壤水库"，扩大"土壤水库"容量，可接纳大量的雨水，增强了土壤肥力和蓄水保墒能力。研究表明：表土耕层每加深1厘米，每亩可增加2吨蓄水能力，储存3毫米降雨。若一次降雨40~50毫米，地表也不会有明水。秋季整地可以抢农时、增积温，减少低温冷害对大豆生产的影响。秋季深松整地，达到待播状态，第二年春季可以适时早播争得有效积温200℃以上；并且春季寒气散发快，地温高于未整地的地块，有利于大豆生长、促早熟，能降低低温冷害对大豆产量的影响，提高大豆的品质。

（2）整地方式：采用秸秆碎粉还田，"两免一翻"少耕整地，以耙茬深松为主，耕翻为辅。以三年为一个周期，两免：在前茬玉米秸秆全量还田耕翻的基础上，采取连续两年免（少）耕播种。从第四年开始循环"一翻"耕种，一翻：指秋季玉米收获后，秸秆粉碎长度不大于10厘米，均匀抛撒于田间，用大型拖拉机带翻转犁进行全量秸秆翻埋还田，耙后起垄，春季垄上精量播种作业。连年翻地不仅浪费动力与能量，而且耕层连年翻转，使熟化较好、含速效养分较高的表土层不能在作物生育前期发挥作用。"两免一翻"的耕作方式既经济又有利于提高产量。

第二节　科学选种与种子处理

一、品种选择

选种是大豆生产过程中的关键，选择合适的品种可以提高大豆生产水平。需依据当地的生态类型、土壤条件选择熟期适中、秆强抗倒、高蛋白、高产、抗病、广适应性的大豆品种种植，做到两年更换一次品种。引种和选种的时候要尽量结合本地的实际情况，比如大豆的生育期数要符合本地的无霜期，在低洼地以及肥力较高的地块，可以选择喜肥水的大豆品种，高岗地可以选择耐旱品种，平地区一般选择中熟、中晚熟、植株高大的品种。

一要选择国家或省审定的品种，保证种植无风险；二要选择比当地生态区有效积温少

100℃积温的品种，保证正常成熟；三要根据市场需求选择，如高蛋白、高油、特用小粒豆、无腥味豆等，可参照每年的《黑龙江省优质高效大豆品种种植区划布局》选择品种；四要到正规的种业或科研单位购种，保证种子质量达到国家"大田用种"标准。

一、种子处理

选购种植的品种种子应达到国家规定的良种级别：纯度98%、净度98%、芽率85%以上、水分13%。之后要对种子进行处理，保证苗齐苗壮。自留种时，要对种子进行精选，首先人工去除其中的杂质、伤瘪粒、虫咬粒，留下品相较好、大小均匀的种子，然后对种子进行拌种，防治大豆根腐病、根潜蝇、孢囊线虫、蛴螬等病虫害。根据当地土壤条件及病虫害种类选用种衣剂。

（一）种子包衣

播种前100千克种子用35%多克福种衣剂1500毫升包衣，防治蛴螬、大豆根潜蝇、二条叶甲等地下害虫和孢囊线虫、根腐病；2.5%适乐时150毫升+35%金阿普隆20毫升用于100千克大豆种子进行包衣，防治大豆根腐病、褐秆病。亮盾（62.5%克/升精甲·咯菌腈）0.3千克拌100千克种子。

（二）钼肥拌种

土壤有效钼小于0.5克/千克时，用钼酸铵50克溶于0.8千克水中，喷在50千克种子上，拌均，阴干后播种。

（三）根瘤菌拌种

根瘤菌剂拌种：播种前每亩用根瘤菌剂15毫升接种，拌后立即播种（每毫升含有效活菌数≥40亿）；菌剂造粒后随大豆种子、肥料施用每公顷用量15~30千克；包衣处理后，在临近播种时用符合GB/20287标准的大豆根瘤菌拌种，拌后12小时以内播种。

第三节　科学精准施肥

科学施肥是实现大豆高产高效的关键技术之一。研究结果表明，每生产 100 千克大豆，需吸收纯氮 6.5 千克、有效磷 1.5 千克、有效钾 3.2 千克。大豆的施肥原则是底肥、种肥与叶面追肥相融合，有机与无机相结合，氮、磷、钾肥配施，补充适量中微量元素。施肥以养分归还学说、不可替代律、最小养分律、同等重要律、肥料报酬递减率等理论为依据。

一、测土配方施底肥

（一）测土配方施肥的概念

测土配方施肥是以土壤养分化验结果和肥料田间试验为基础，根据农作物需求规律、土壤供肥性能和肥料效应，在合理施用有机肥的基础上，提出氮、磷、钾和中、微量元素等肥料的施用数量、施用时期和施用方法。有针对性地补充作物所需营养元素，作物缺什么元素就补充什么元素，需要多少就补充多少，使各种养分平衡供应，满足农作物的需求，达到提高农作物产量、改善农产品品质、提高化肥利用率、节约成本、增加收入的目的。

（二）测土配方施肥的过程

测土配方施肥包括三个过程，一是测土，即对土壤中的有效养分进行测试，了解土壤养分含量的状况；二是配方，即根据种植作物的目标产量，作物的需肥规律及土壤养分状况，计算出需要的各种肥料及用量；三是施肥，即对所需的各种肥料进行合理安排，做基肥、种肥和追肥及施用比例和施用技术。三者关系为，测土是基础，配方是产前的计划，施肥是生产过程的实践，三个环节中最主要的是施肥，最具特色的是测土。

（三）测土配方施肥的作用

（1）节本增收。减少农业生产物资投入，提高农作物产量，促进节本增收。

（2）提高产量，改善品质。因测土配方施肥能改变偏施氮肥的习惯，调节作物的养分平衡，降低农产品硝酸盐的含量，防止水果变酸和蔬菜、瓜果畸形等，从而改善农产品品质。

（3）培肥地力。对土样多次检测的统计结果表明，土壤肥力有明显提高。

（4）改善土壤，减少污染。通过测土配方施肥，能有效降低施肥对环境带来的负面影响，减少土壤污染，提高土壤肥力。

（5）提高肥料利用率。施肥结构不合理，化肥利用率低，会浪费大量化肥。通过开展测土配方施肥，采用科学施用方法，当季化肥利用率比习惯施肥可提高 5%~10%。

（6）实现农业可持续发展。开展测土配方施肥，可避免施肥上的盲目性，达到合理科学施肥的目的。通过科学合理施肥，可保护良好的农业生态环境，促进农业生产的良性循环和持续发展。

二、立体施种肥

采用大型机械种下分层、定量、定位侧深施种肥，可有效提高保苗率，提高肥料利用率，满足作物全生育期对养分的需求。大豆结合秋整地起垄夹肥，将氮磷钾施肥量的三分之二施在种床下 12~14 厘米处；剩余三分之一随播种侧深施于种下 5 厘米处（图 3-4）。

立体施肥克服了种肥同位烧种、烧苗现象，同时可以减少化肥的挥发和流失，提高化肥利用率，一般可提高化肥利用率 10%~15%；另外，可以做到合理地增加化肥施用量，延长供肥时间，满足大豆生育全过程对肥料的需要。

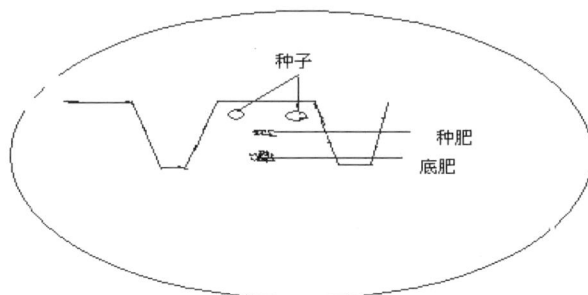

图 3-4　立体施底肥、种肥模式图

三、平衡追肥

大豆叶片吸收养分的能力很强，对氮、磷、钾及微量元素均能够吸收，肥效快，肥料用量少，并能克服天旱时根部追肥不宜见效的缺点。花荚期喷施叶面肥 2~3 次，适量添加钼、硼微肥，可提升大豆蛋白质含量。

（1）第一次在大豆分枝期，主要喷施钼酸铵、生根粉（或生根宝）等，也可用菌克毒克 1 千克加尿素 6 千克兑水 500 千克进行苗带叶面喷洒，用来防治大豆根腐病和根外追肥。

（2）第二次在大豆初花期，主要喷施磷酸二氢钾、喷施宝、硼肥等。第二次追肥在始花期，公顷用尿素 7 千克加硼钼微复肥 0.2 千克或钼酸铵 23 克，再加磷酸二氢钾 1.5 千克兑水 500 千克进行根外追肥。

（3）第三次在大豆盛花到结荚期，主要喷施磷酸二氢钾，腐殖酸或黄腐酸类肥料。公顷喷施磷酸二氢钾 3 千克+米醋 2.4 千克+0.01%~0.02%钼酸铵+0.1%~0.2%硼砂，

第四节 抢墒播种保苗

一、播种时期

播种期的早晚对大豆产量的影响很大，播种过早或过晚都会降低大豆的产量。在东北地区，过早播种会因为土壤温度低而发生冻害或烂芽；播种过晚，如遇天气不好，还会导致出苗不齐等现象，也可能因晚熟而遭遇早霜的危险，降低大豆的产量。因此，需严格控制大豆的播种期。播期对大豆的蛋白质含量和蛋白质产量也有一定的影响，播期提前和推迟都会降低大豆蛋白质的含量和产量，适时早播比晚播蛋白质含量和产量相对高些。要提高大豆蛋白产量，应根据当地的气候条件确定大豆的适宜播期。

播种时期的确定以地温稳定通过 8℃时开始播种为宜，黑龙江省中南部地区在 4 月 25 日至 5 月 10 日，北部和东部地区在 5 月 5 日至 5 月 15 日；内蒙古自治区在 4 月 20 日至 5 月 20 日。

二、播种方法

大豆的播种方法分条播、穴播和点播三种。

（1）条播，种子播下后成一条型苗带，一般苗带宽度为 10~12 厘米。

（2）穴播，在苗带上，按一定距离成穴种植大豆，每穴播种 4~5 粒，出苗后每穴一般留 3 株。

（3）点播，按密度要求在苗带上等距离种单粒或双粒，这是一种精量播种的方法。

三、播种密度

大豆种植密度与产量有密切关系。所谓合理密植是指在当地、当时的具体条件下，正确处理好个体和群体的关系，使群体得到限度的发展，个体也得到发育；使单位面积上的光能和地力得到利用；在同样的栽培条件下，能获得较好的经济效益。因此，一个适宜的密度不是一成不变的，不能简单地讲"肥地宜稀，瘦地宜密"，大豆播种密度如何确定主要应考虑以下因素：

（一）品种类型

品种的繁茂程度，如植株高度、分枝多少、叶片大小等与密度的关系密切。凡植株高大，分枝较多，株型开展，大叶型品种，种植密度宜小；植株矮小，繁茂性差的品种，或植株虽较高，但分枝少、株型收敛的品种，宜采用较大的密度。

（二）肥水条件

试验表明，土壤肥力和施肥水平与种植密度有密切关系。一般来说，以土壤肥力和施肥水平中等的地块确定大豆品种的种植密度基数，土壤肥力和施肥水平较高的地块要适当降低品种的种植密度，土壤肥力和施肥水平较低的地块要适当提高品种的种植密度。

（三）生育期

黑龙江省南部区大豆生育期较长，植株高大，种植密度宜稀；北部区大豆生育期较短，植株也较矮小，宜适当密植；东部地区土壤肥力较高、降雨量大，种植密度宜稀；西部地区土壤肥力较低、降雨量少，宜适当密植。

以上是确定播种密度的一般原则。由于各地的气候、土壤条件不同，栽培制度各异，管理水平和种植的品种不同，不可能统一种植同一个密度。黑龙江省第一积温带播种密度一般每公顷 22 万~25 万株左右；黑龙江省第二积温带播种密度一般每公顷 25 万~28 万株；黑龙江省第三积温带播种密度一般每公顷 33 万~36 万株；黑龙江省第四积温带播种密度一般每公顷 36 万~39 万株；黑龙江省第五积温带播种密度一般每亩公顷 39 万~40 万株；黑龙江省第六积温带播种密度一般每公顷 40 万~42 万株。

第五节　田间管理

一、化学除草

在农业生产过程中，杂草不仅与作物争水争肥争光，而且可改变作物田间小气候，干扰并限制作物生长；有些杂草还是作物病虫害的中间寄主，可加快病虫害的蔓延。杂草危害的防除已成为现代农业生产中的重要环节。按照不同发生时期、不同杂草种类进行有针对性的施药，能有效抑制大豆田杂草的生长，增加大豆田产量，而且可最大限度降低除草剂造成的残留和药害问题。

（一）苗前除草

大豆苗前土壤处理的优点是成本低，对秧苗药害小，如果防除效果不好可补救。土壤处理除草剂的药效受土壤环境条件影响较大，一般土壤有机质含量高、湿度小时用高剂量，土壤有机质含量低、湿度大时用低剂量。苗前除草时期应在播后苗前土壤处理一般要在大豆播种后 3~5 天，未出苗时施用除草剂。常用药剂配方如下：

（1）72%都尔 140~200 毫升+48%广灭灵 53~67 毫升。

（2）96%都尔或异丙甲草胺 60~100 毫升或 100~133 毫升+48%广灭灵 53~67 毫升+70%赛克津 20~27 毫升。

（3）48%广灭灵 53~67 毫升+90%禾耐斯 100~130 毫升。

（4）99%乙草胺 1.35~1.65 升+48%广灭灵 0.8-1 升+70%嗪草酮（赛克、赛克津）30~50 毫升（低温低洼有药害）。

（5）99%乙草胺三瓶 1500 毫升+噻吩磺隆 5 袋。

也可在当地植保部门的指导下用一些合剂进行苗前封闭除草。

（二）苗后茎叶处理

根据苗前除草效果决定是否进行苗后茎叶处理，茎叶处理除草剂受土壤环境影响小，受自然条件影响明显，天气干旱或温度比较高、阳光比较充足时应用高剂量，空气湿度比较大、温度比较低时应用低剂量；杂草小时用低量，反之用高量。

（1）8%广灭灵 67 毫升+25%虎威 60~67 毫升+15%精稳杀得 50 毫升（或 10.8%高效盖草能 25 毫升或 5%精禾草克 50 毫升）（用助剂有机硅植物油）。

（2）48%广灭灵 67 毫升+48%灭草松 100 毫升+15%精稳杀得 50 毫升（或 10.8%高效盖草能 30 毫升或 5%精禾草克 50 毫升）。

（3)15%精稳杀得 0.75 升+48%广灭灵 0.6~0.75 升+25%氟磺胺草醚 0.8~1 升（亩用量）。

（4）48%广灭灵 2 瓶+25%氟磺胺草醚 5 瓶+48%灭草松 4 瓶（排草丹、苯达松）药害相对重，缓苗 5~7 天。

（三）缓解大豆除草剂药害方法

可用芸苔素+细胞分裂素+生根类药物来缓解药害，其主要作用是提高大豆自身的酶活性，增加叶绿素含量，提高光合能力，促进根系生长发育，向深土层扎根，以此来减轻药害的影响。

配方 1：芸苔素甾醇+氨基酸叶面肥，成本 4~5 元/亩；

配方 2：碧护（含赤霉素、芸苔素内酯、吲哚乙酸、脱落酸、茉莉酮酸等 8 种天然植物内源）严格用量+氨基酸叶面肥，成本 10~12 元/亩。

二、适时中耕

（一）播后镇压

土壤墒情适宜地块，在播后 2~3 小时内采用"V"型或环形镇压器进行镇压；土壤墒情较差、地温高的地块，需增加播种深度，确保种子播在湿土上，增加覆土厚度，随播随压；土壤湿度大（含水量>25%）的地块，地温偏低，可调减播种深度，降低覆土厚度，播后待地表出现 2 厘米干土层时再进行镇压，确保苗全、苗齐、苗匀、苗壮。

（二）深松及蹚地

深松与中耕不仅能消灭杂草，更重要的是防旱保墒、疏松土壤、提高地温、促进土壤养分的分解，并能加强根系的生理活动，保证大豆正常生长发育。幼苗拱土后要早蹚早中耕，做到多蹚，通过土壤深松和铲蹚管理，实现放寒增温促进作物生长发育的目的。干旱时中耕，可以切断土壤毛管空隙，防止水分蒸发，起到防旱保墒作用；大雨后中耕，能起到散墒除涝作用。一般条件下中耕分三次进行；

第一次中耕，大豆出苗后第一片复叶起，垄沟深松，深度为 25~30 厘米，可防寒、增温、促根；第二次中耕，在深松后 10~15 天，进行一次中耕，铲、蹚要紧密结合，增温、蓄水、保墒；第三次中耕，在第二次中耕后 10~15 天左右，当大豆长出 6~8 片复叶时，大豆封垄前进行。机械中耕的覆土高度在子叶痕以上，真叶以下。主要目的一是保持一定的垄高，防止 7 月下旬和 8 月份大雨日数增多，垄沟积水，淹渍根系，造成根系早衰。大豆根系总量的 70% 分布于地表下 10 厘米处，垄高达 15 厘米，即使垄沟有 5 厘米水，仍可有 70% 的根系未被水淹；二是培土后，子叶节以下长出次生根，可减缓鼓粒期后因根系生理功能衰减，影响养分的吸收。另外，在孢囊线虫严重的地区，新生的次生根可以躲过 2~3 代孢囊线虫的侵染，减轻孢囊线虫的危害。中耕培土可扶根防大豆倒伏，中耕特别注意不要损伤叶片，因为大豆每个节位叶片和豆荚都会构成一个"库—源"系统，每个节位叶片光合产物主要供给本节位的豆荚，较少相互"交流"。所以，叶片损伤不利于结荚和鼓粒。培土时要用净土和细土，防止大土块挤苗，造成缺苗、减产。

三、病虫害防治

（一）大豆常见病害防治

1.大豆根腐病

（1）大豆根腐病是由镰刀菌、腐霉菌和立枯丝核菌等多种病原菌感染所引起的大豆根部病害，分布于东北、华北的局部地区，以东北为重。

（2）症状：苗期受害，茎基部形成褐色至赤褐色病斑，呈椭圆形、长条形或不规则形，凹陷或不凹陷，严重时大豆须根明显减少，或未出苗即死亡，或出苗后根颈上部出现病斑矮缩，植株死亡，有的可见到霉层。

（3）病原：大豆立枯病菌（Rhizoctonia soloni Kuehn）是真菌，属半知菌亚门丝核菌属。初生菌丝无色，多隔膜，细胞短，成直角分枝，部分菌丝细胞膨大，互相纠结成菌核，形状不规则，褐色，无光泽，散生或数个丛生，菌核间有菌丝相连。有性世代为 Pellicularia filamentosa（Pat.）Rogers。病菌寄主范围很广，除为害大豆外，尚能为害高粱、甜菜、马铃薯、茄子等多种作物。大豆枯萎病菌[Fusarium bulbigenum Cke.et mass..tracheio philum（Srhith）Wr.]是真菌，属半知菌亚门镰刀菌属。大型分生孢子，披针形，无色透明，两端逐渐尖削，微弯，多为 3 个隔膜；小型分生孢子生于气生菌丝中，极小，长椭圆形、椭圆形、卵圆形，无色透明。

（4）发病原因：重茬地发病加重。重茬使土壤中的菌源数量积累增多；土壤温度过低或湿度过大、土壤黏重加重病害。播种过早会因土壤温度低而加重发病。如果土壤中含水量偏大，尤其是低洼潮湿地块，因大豆幼苗长势差，抗病力弱，也极易受到病菌的侵染，发病加重。平作病害加重。平作由于土壤板结且容易发生涝灾，土壤含水量也相应增高，从而利于病菌繁殖侵染根部，加重病害。播种过深加重病害。播种过深，地温低，出苗慢，组织纤弱，根部延长，很容易被病菌侵染，使得病情进一步加重。施肥技术与肥料种类对根腐病也有着一定的影响。如果氮肥施用量过大，会使幼苗组织柔嫩，加重病害，但适当增施磷肥就可减轻病害的发生。

（5）防治方法：

①选用含有福美双、多菌灵和杀虫剂的大豆种衣剂拌种，用量为种子重量的1.0%~1.4%，能有效预防根腐病。经典的种衣剂：多福克。

②每100千克种子用62.5克/升精甲·咯菌腈悬浮种衣剂400毫升拌种。药效一般只持续2~3周，中耕培土，促进侧生新根的形成，以便及时补充肥、水。

③还可选择生物制剂拌种：选用大豆保根菌剂，每公顷种子用1500毫升液剂拌种；2%宁南霉素水剂，用种子重量1.0%~1.5%拌种。

2.大豆菌核病

（1）大豆菌核病是由核盘菌引起的、发生在大豆的病害。该病主要出现于大豆的苗期、花期及花荚期，主要危害大豆叶片、豆荚及茎秆。大豆苗期感病，植株茎部会出现水渍状或者棉絮状的菌丝；大豆花期感染菌核病，会出现植株枯萎、茎叶腐烂现象，后期大豆全株会干枯萎缩而死。

（2）症状：

①苗期症状：苗期染病茎基部褐变，呈水渍状，湿度大时长出棉絮状白色菌丝，后病部干缩呈黄褐色枯死，幼苗倒伏、死亡。

②成株期症状：成株期染病主要侵染大豆茎部，田间植株上部叶片变褐枯死。叶片染病始于植株下部，病斑初期呈暗绿色水浸状斑，后扩展为圆形或不规则形，中心灰褐色，四周暗绿色，湿度大时生白色菌丝，叶片腐烂脱落。茎秆染病多从主茎中下部分权处开始，病部水浸状，后褪为浅褐色至近白色，病斑形状不规则，常环绕茎部向上、向下扩展，致病部以上枯死或倒折。潮湿时病部生絮状白色菌丝，菌丝后期集结成黑色粒状、鼠粪状菌核，病茎髓部变空，菌核充塞其中。后期干燥时茎部皮层纵向撕裂，维管束外露似乱麻，严重的全株枯死，颗粒不收。豆荚染病呈现水浸状不规则病斑，荚内外均可形成较茎内菌核稍小的菌核，可使荚内种子腐烂、干瘪、无光泽，严重时导致荚内不能结粒。

（3）病原：大豆菌核病病原为核盘菌[Sclerotinia sclerotiorum（Lib.）de Bary]，属真菌子囊菌亚门、柔膜菌目、核盘菌属。菌丝体白色，绵絮状，粗细不一，直径3~4微米，透明，有横隔，内有浓密的颗粒状物。于春季或秋季形成1~10个子囊盘，碗状，有柄，柄长因覆土的深浅而异，暗褐色，盘大5~10毫米，其表面有子囊及侧丝，子囊棍棒状，无色，内生8个子囊孢子，子囊孢子无色，单胞，椭圆形；小型分生孢子单胞，无色，密生于分生孢子梗上，形成孢子块。

（4）发病原因：

①前茬作物对发病的影响：大豆菌核病与前茬作物密切相关，向日葵、油菜、白菜、胡萝卜等383种作物的菌核病与大豆菌核属同一种病菌，可以互相侵染。由于种植业结构的调整，各种经济作物发展迅速，造成大豆前茬的多样性，再加上大豆长期连作，使菌核逐年积累，大豆菌核病发病率呈逐渐上升趋势。

②气候条件：地表温度直接影响子囊盘的形成或成熟，湿度则影响子囊孢子的萌发和侵入，田间湿度是发病的主要条件。连续低温寡照，阴雨天气多（雨日多、雨次多、雨量适中），温度在18~22℃有利于该病菌的子囊盘萌发形成子囊孢子。一般7月降雨多的年份发病重。

③栽培管理：大豆田排水良好、地势平整发病轻；合理密植、通风透光条件好的地块发病轻。地势低洼及排水不畅、施用氮肥过多、大豆生长茂密和通风不良，有利于大豆菌核病的发生。

（5）防治方法：

①选育耐病品种：目前，防治菌核病还没有抗病品种，但品种间的耐病性不一样，发病地块建议种植相对耐病的品种。

②轮作倒茬：与禾本科作物实行3年以上的轮作。可以有效地降低土壤中菌核的数量，明显减轻病害的发生。

③秋后深翻地，将散落在田间和病残体中的菌核深埋土里，可以抑制菌核萌发，减少初侵染来源。

④加强田间管理，及时排除田间积水，降低田间湿度，少施氮肥，防止徒长，减少田间郁蔽性，可减轻病害的发生。

⑤发病初期，及时清除病株残体并将病株深埋可减少再侵染。

⑥发病初期防治：生产上可用80%多菌灵可湿性粉剂600~700倍液、25%咪鲜胺乳油50~100克/亩、40%菌核净可湿性粉剂100~150克/亩、50%福霉利可湿性粉剂60~80克/亩田间茎叶喷雾防治。

3.大豆病毒病

（1）大豆病毒病是由大豆花叶病毒、烟草条斑病毒等70多种病毒引起的、发生在大豆的病害。大豆植株感染病毒病后，出现矮化、叶片卷缩、花叶、黄化、豆荚畸形等症状，常见类型有皱缩矮化型、皱缩花叶型、轻花叶型、顶枯型、黄斑型、褐斑型。大豆病毒病是世界上普遍发生的大豆病害之一，对大豆的产量影响很大，严重制约大豆产业的健康发展。病株减产幅度随发病程度加重而增加，受病毒侵染的大豆花荚数减少，百粒重降低

5%~30%。据报道，皱缩花叶型症状可使大豆减产 50%以上，坏死型症状引起的芽枯的植株很少结实。该病还影响大豆籽粒的外观品质，受大豆花叶病毒感染的籽粒斑驳率高达95%。

（2）症状：

①皱缩矮化型：病株矮化，节间缩短，叶片皱缩变脆，生长缓慢，根系发育不良。生长势弱，结荚少，也多有荚无粒。

②皱缩花叶型：叶片小，皱缩、歪扭，叶脉有泡状突起，叶色黄绿相间，病叶向下弯曲。严重者呈柳叶状。

③轻花叶型：植株生长正常，叶片平展，心叶常见淡黄色斑驳。叶片不皱缩，叶脉无坏死。

④顶枯型：病株茎顶及侧枝顶芽呈红褐色或褐色，病株明显矮化，叶片皱缩，质地硬化，脆而易折。顶芽或侧枝顶芽最后变黑枯死，故也称芽枯型。其开花期花芽萎蔫不结荚，结荚期表现豆荚上有圆形或无规则褐色斑块，豆荚多变为畸形。

⑤黄斑型：黄斑型病毒病多发生于结荚期，与花叶型混生。病株上的叶片产生浅黄色斑块，多为不规则形状。后期叶脉变褐，叶片不皱缩，上部叶片呈皱缩花叶状。

⑥褐斑型：该病主要表现于籽粒上。病粒种皮上出现褐色斑驳，从种脐部向外呈放射状或带状，其斑驳面积和颜色各不相同。

（3）病原：据报道，在自然条件下引起大豆病毒病的病毒有 70 多种。其中，大豆花叶病毒（Soybean mosaic virus）、烟草条斑病毒（Tobacco streak virus）、烟草环斑病毒（Tobacco ring spot virus）、大豆矮缩病毒（Soybean dwarf virus）等都可对大豆造成的危害。

（4）发病原因：干旱年份，蚜虫大发生，病害发生重。大豆品种间存在明显抗性差异，有的品种在气温 30℃以上病毒症状会出现隐症，高温隐症品种产量损失比显症品种要小。病株所结的种子并不是全部带毒，而是越早感染的病株所结的种子带毒率越高。如生产上使用了带毒率高的豆种，且介体蚜虫发生早、数量大，植株被侵染早，品种抗病性不高，播种晚时，该病易流行。

（5）防治方法：

①播种前严格选种，清除褐斑粒。适时播种，使大豆在蚜虫盛发期前开花。苗期拔除病苗，及时防治蚜虫，加强田间管理，培育壮苗，提高品种抗病能力。

②由于大豆花叶病毒以种子传播为主且品种间抗病能力差异较大，又由于中国各地花叶病毒生理小种不一，同一品种种植在不同地区其抗病性也不同，因此，应在明确该地区花叶病毒的主要生理小种基础上选育和推广抗病品种。

③侵染大豆的病毒，很多是通过种子传播，因此，种植无病毒种子是最有效的防治途径之一。建立无毒种子田要注意两点：一是种子田四周 100 米范围内无病毒寄主植物，二

是种子田出苗后要及时清除病株，开花前再拔除一次病株，经 3~4 年种植即可得到无毒源种子。一级种子的种传率低于 0.1%，商品种子（大田用种）种传率低于 1%。

④种子处理可用 38%克多福或 70%吡虫啉等药剂拌种，拌匀晾干后播种。

⑤大豆病毒病大多由蚜虫传播，大豆种子田用银膜覆盖或将银膜条间隔插在田间，可起避蚜、驱蚜作用，田间发现蚜虫要及时用药剂防治。蚜虫发生量大，农业防治和天敌不能控制时，要在苗期或蚜虫盛发前防治。当有蚜株率达 10%或平均每株有虫 3~5 头时，即应防治。可选用 40%克蚜星乳油 800 倍液或 35%卵虫净乳油 1000~1500 倍液、20%好年冬乳油 800 倍液、50%抗蚜威（辟蚜雾）可湿性粉剂 1500 倍液、5%增效抗蚜威液剂 2000 倍液、2.5%天王星乳油 3000 倍液。抗蚜威有利于保护天敌，但由于蚜虫易产生抗药性，应注意轮换使用。也可用 40%乐果乳油 800 倍，40%氧化乐果乳油 1000 倍，或 2.5%敌杀死乳油，5%来福灵乳油，10%溴氟菊酯乳油每亩 15~20 毫升，兑水 40~50 千克喷雾。

⑥在发病重的地区可在发病初期喷洒一些防治大豆病毒病的药剂，以提高大豆植株的抗病性，如 0.5%菇类蛋白质多糖 300 倍液、1.5%植病灵Ⅱ号乳油 1000 倍液、混合脂肪酸 100 倍液、5%菌毒清 400 倍液等喷雾防治，每隔 10 天喷 1 次，连喷 2~3 次。

4.大豆灰斑病

（1）大豆灰斑病是由大豆尾孢引起的、发生在大豆的病害。主要危害叶片，也可侵染茎、荚及种子。大豆子叶上的病斑通常以圆、半圆为主，产生病变后的子叶颜色为深褐色。而大豆叶片上的病斑则是以圆、不规则形状为主，病变后的叶片病斑中央会呈现出灰白色，而周围则是红褐色，灰斑病发生后病部与健部有着非常明显的分界。大豆灰斑病严重发病时几乎所有叶片长满病斑，造成叶片过早脱落，大豆品质降低。一般发生年可使大豆减产 12%~15%，严重发生年可减产 30%，个别可达 50%。同时，该病还严重影响大豆品质，大豆病粒脂肪含量降低 2.9%，蛋白质降低 1.2%，百粒重降低 2 克左右。

（2）症状：大豆灰斑病主要危害成株期叶片，也可侵染茎、荚及种子。带菌种子长出的幼苗和子叶出现圆形或半圆形深褐色凹陷斑，气候干燥时，病斑扩展缓慢。当气候适宜、低温多雨时，病斑可蔓延至生长点，使幼苗枯死。成株叶片染病后，初现褪绿色小圆斑，逐渐发展成为中间灰色至灰褐色、四周褐色的蛙眼状斑，大小 1~5 毫米，有的病斑椭圆形或不规则形。潮湿时，叶片背面病斑中央生出密集的灰色霉层，为该病菌的分生孢子，发病重时，病斑布满整个叶片，病斑融合，导致叶片枯死脱落。茎部染病后产生纺锤形或椭圆形病斑，中央褐色，边缘红褐色或黑色，中部稍凹陷，后又变成淡灰色，从皮孔中又长出分生孢子梗和分生孢子，使病斑处密布小黑点。荚斑圆形或椭圆形，边缘红褐色，中央灰色，因荚上多毛，不易看到霉层。豆粒上病斑与叶斑相似，多为圆形蛙眼状，也有的呈现不规则形，边缘暗褐色，中央灰白，轻病粒上仅产生褐色小点。

（3）病原：大豆灰斑病病原为大豆尾孢（学名：Cercospora sojina Hara），属半知菌亚门、尾孢属真菌。分生孢子为棍棒状或圆柱形，具隔膜 1~11 个，无色透明。分生孢子梗 5~12 根，成束，从气孔伸出，不分枝，褐色，具 0~3 个隔膜。该病原孢子萌发的最低温度在 12℃左右，适宜温度是 21~26℃，当温度高于 35℃时，发病率明显降低。该病原的寄主范围窄，只能侵染栽培大豆、野生和半野生大豆。该菌有生理分化现象，美国已鉴定出 11 个生理小种，巴西已鉴别出 20 多个，中国生理小种有 14 个以上。

（4）发病原因：

①栽培因素：栽培因素影响大豆生长，更容易导致大豆灰斑病。大豆种植间距过密，会导致通风条件变差，局部温度和湿度过高，这样的环境容易导致病原菌的滋生，大豆发病的概率变大。在田间越冬菌源量大的重迎茬和不翻耕豆田，易在大豆发育早期发生大豆灰斑病，而且病情严重。大豆作物的前茬植物对大豆灰斑病影响较大，主要是因为前茬植物容易成为病菌的寄主，如果连年栽植会导致病原菌的不断累积，加重大豆灰斑病的病程。

②大豆品种：大豆品种对大豆灰斑病影响较大，大豆抗性能够影响病程发展。高感病大豆品种容易感染，发病较早，发病快，病斑多，形成大量的孢子。耐病品种发病率低，叶片部位病斑少。大豆灰斑病的一些类型病种容易发生变异，使大豆失去抗性，致使大豆灰斑病发病严重。

③环境因素：环境因素也是影响大豆灰斑病的重要因素，主要是湿度和温度方面的影响。在大豆生长季节，中国东北地区大豆产区的最高温度一般都低于 35℃，在大豆生长旺盛期的温度都不到 30℃，这样的温度环境对大豆灰斑病不能产生限制作用。大豆灰斑病病菌孢子萌发还受湿度影响，降雨量和降雨天数是该病在当年能否流行的关键因素。空气环境湿度越大，孢子萌发率越高，病情发展越严重，当相对湿度超过 82%以上时，大豆灰斑病发病率最高。如果环境处于低温、干旱的条件，其发病率就会明显降低。

（5）防治方法：

①选用抗病品种：大豆灰斑病的抗原材料非常丰富，合理选育和利用抗病品种是防治大豆灰斑病最有效、最经济的方法。但大豆品种对灰斑病抗性不稳定，持续时间短，要注意大豆产区生理小种组成的变化，品种种植不要单一，且经常更换。由于大豆灰斑病生理小种变化快，易使大豆品种抗病性丧失，应密切注意其抗病性的变化，不断选育新的抗病品种，对其抗病指标进行检测。

②实行轮作：合理轮作避免重迎茬，有条件可以进行两年以上轮作，减少灰斑病危害。如轮作有困难，应在秋后翻耕豆田，减少越冬菌量。

③田园清洁：在大豆收成之后，要对田间残留的病原体彻底进行清理，并通过翻耕，减少越冬的病原菌。田间发病时及时清除病苗，铲除再侵染源。

④加强栽培管理：根据品种特性合理密植，加强田间管理，控制杂草。

⑤种子处理：在大豆播种之前需要通过种子处理将大豆灰斑病粒彻底清除，在药剂拌种时可以选用多菌灵以及福美双可湿性粉剂，以此来提升种子苗期的病害防治效果。

⑥药剂防治：可在叶部发病初期喷药1次，花荚期再喷1次，喷洒70%甲基托布津可湿性粉剂1000倍液，或多菌灵胶悬剂5000倍液，或50%退菌特可湿性粉剂800倍液，或75%百菌清可湿性粉剂700~800倍液。田间第1次施药的关键时期是始荚期至盛荚期。

5.大豆胞囊线虫病

（1）大豆胞囊线虫病是大豆种植期常见的线虫病害。气温、土壤条件等多种条件都可以导致这种病害的发生。这种病害可以导致大豆大面积减产，而且在中国各大豆类种植区都有发生。该病害可以通过喷洒农药或者改善种植环境等方式防治。

（2）症状：在大豆整个生育期均可为害。主要为害根部，被害植株生育不良，矮小，茎和叶变淡黄色，荚和种子萎缩瘪小，甚至不结荚。田间常见成片植株变黄萎缩，拔出病株见根系不发达，支根减少，细根增多，根上附有白色的球状物（雌虫-胞囊），也是鉴别胞囊线虫病的重要特征。

（3）病原：胞囊线虫的雌雄虫形态不同，老熟雄虫体细长线条状，毛部多向腹侧弯曲，体长1.33毫米；老熟雌虫体呈柠檬形，0.85毫米×0.51毫米，初白色后变为黄白色。胞囊鸭梨状，浅黄色至褐色，长0.6毫米，表面有斑纹。卵长椭圆形，0.175毫米×0.043毫米，藏于胞囊或卵囊里。幼虫分四期。第一期幼虫在卵壳内发育脱皮一次为仔虫期；第二期幼虫圆筒形，雌雄形态相似为侵染期；第三期幼虫圆筒形，雌雄可辨；第四期雌虫体柠檬状，雄虫体线条状。

（4）发病原因

①与温湿度关系：气温在18~25℃之间发育最好，最适湿度为60%~80%，过湿、氧气不足，易使线虫死亡。

②与土壤类型的关系：过于黏重，通气不良的土壤，不利于线虫的存活。通气良好的土壤，如冲积土、轻壤土、砂壤土、草甸棕壤土等粗结构的土壤和瘠薄少岗地等土壤中胞囊密度大，线虫病发生早而重，减产幅度大。此外，在偏碱性的土壤内，发生也重。

③栽培条件：多年连种大豆的地块，土壤内线虫数量便逐年增多，为害也逐年加重，大豆产量也越来越低。

（5）防治方法：

①选用适合当地的抗病品种。

②与禾本科植物实行轮作，可基本消灭这一病害。

③对于无病田，应严禁线虫的传入。通过种子检验，严防经机械作业等途径传播。

④加强营养，提高抗病性。施足基肥和种肥，早施追肥与叶面肥。

⑤化学药剂防治：种衣剂拌种，用含有呋喃丹成分种衣剂；土壤施药，3%呋喃丹颗粒处理土壤，一般每公顷呋喃丹颗粒剂150~180千克。

⑥生物防治：可用大豆保根菌剂，每公顷所需大豆种子用液1500~2250毫升拌种，以高剂量防效更好；也可每公顷1050千克与种肥混施。另外还可用豆丰1号生防颗粒剂，每公顷75~150千克，与种肥混施。

（二）大豆虫害防治

1.大豆蚜虫

（1）形态特征：无翅孤雌蚜体长1.3~1.6毫米，长椭圆形。黄色至黄绿色。腹管淡色，端半部黑色，表皮有模糊横网纹。腹部第1、7节有锥状钝圆形突起；额瘤不明显。第8腹节有毛2根。触角短于躯体，为体长的0.7倍，第4、第5节末端及第6节黑色，第3~6节长度比例为100：72：60：39。喙超过中足基节，长为后跗节第2节的1.4倍。跗节第1节毛序为3，3，2。腹管长为触角第3节的1.3倍。尾片圆锥状，有长毛7~10根。臀板具细毛。有翅孤雌蚜体长1.2~1.6毫米，长椭圆形，头、胸黑色，额瘤不明显，腹部圆筒状，基部宽，黄绿色，腹管基半部灰色，端中部黑色，腹管后斑方形，第2~4节各有小缘斑，第4~7节有小横斑或带。尾片圆锥形，具长毛7~10根，臀板末端钝圆多毛。触角长1.1毫米，第3节一般有3~8个小环状次生感觉圈排成一行，第6节鞭节为基部两倍以上。

（2）生活史：大豆蚜在东北年生10多代，山东年生20多代，以受精卵在老鸹眼等鼠李属植物的枝条芽侧或缝隙中越冬。春季，鼠李属植物的芽鳞转绿到芽开绽时，均温高于10℃，越冬卵孵化，在鼠李属植物上孤雌胎生3代，发生有翅型。夏季，有翅孤雌蚜开始迁飞至大豆田，孤雌胎生10余代。6月下旬至7月中旬进入为害盛期，7月下旬出现淡黄色小型大豆蚜，蚜量开始减少，8月下旬至9月上旬气温下降，大豆蚜进入后期繁殖阶段，秋末发生有翅性母和有翅雄蚜，从大豆向鼠李属植物迁飞。有翅性母可孤雌胎生无翅的雌性蚜。雌、雄交配产卵越冬。6月下旬至7月上旬，旬均温22~25℃，相对湿度低于78%有利其大发生。

（3）危害：吸食大豆嫩枝叶的汁液，受害植株常幼叶卷缩，根系发育不良，生长停滞，结果枝和结荚数减少，产量降低。蚜虫还能传带大豆病毒病等病毒。大豆蚜分为有翅蚜和无翅蚜，有翅蚜迁飞性强，危害严重，生产中应对发病地块及周边地块群防群治，以控制病情，减少病害爆发概率。

（4）防治方法：

①农业防治：及时铲除田边、沟边、塘边杂草，减少虫源。

②利用银灰色膜避蚜，利用蚜虫对黄色的趋性，采用黄板诱杀。

③生物防治：利用瓢虫、草蛉、食蚜蝇、小花蝽、烟蚜茧蜂、菜蚜茧蜂、蚜小蜂、蚜霉菌等控制蚜虫。

④药物防治：蚜虫发生量大时，农业防治和天敌不能控制时，要在苗期或蚜虫盛发前防治，当有蚜株率达 10%或 100 株有虫 1500 头，即应防治。3%啶虫脒 0.6 升/公顷；10%吡虫啉 0.3 千克；30%速克毙 0.3 升，喷药时加入有机硅助剂效果好。抗蚜威有利于保护天敌，但由于蚜虫易产生抗药性，应注意轮换使用。

2.大豆食心虫

（1）形态特征：

①成虫：体长 5~6 毫米，翅展 12~14 毫米，黄褐至暗褐色。前翅前缘有 10 条左右黑紫色短斜纹，外缘内侧中央银灰色，有 3 个纵列紫斑点。雄蛾前翅色较淡，有翅缰 1 根，腹部末端较钝。雌蛾前翅色较深，翅缰 3 根，腹部末端较尖。

②卵：扁椭圆形，长约 0.5 毫米，橘黄色。

③幼虫：体长 8~10 毫米，初孵时乳黄色，老熟时变为橙红色。

④蛹：长约 6 毫米，红褐色，腹末有 8~10 根锯齿状尾刺。

（2）生活史：大豆食心虫一年仅发生一代，以老熟幼虫在豆田、晒场及附近土内做茧越冬。成虫出土后由越冬场所逐渐飞往豆田，成虫飞翔力不强。上午多潜伏在豆叶背面或荚秆上，受惊时才作短促飞翔。早期出现的成虫以雄虫为多，后期则多为雌虫，盛期性比大致为 1∶1。成虫有趋光性，黑光灯下可大量诱到成虫。成虫产卵时间多在黄昏。成虫产卵对豆荚部位、大小、品种特性等有明显的选择性。绝大多数的卵产在豆荚上，少数卵产于叶柄、侧枝及主茎上。以 3~5 厘米的豆荚上产卵最多，2 厘米以下的很少产卵；幼嫩绿荚上产卵较多，老黄荚上较少。一般豆荚上产卵 1~3 粒不等。初孵幼虫行动敏捷，在豆荚上爬行时间一般不超过 8 小时，个别可达 24 小时以上。入荚的幼虫可咬食约两个豆粒，并在荚内为害直达末龄，正值大豆成熟时，幼虫逐渐脱荚入土作茧越冬。大豆食心虫喜中温高湿，高温干燥和低温多雨，均不利于成虫产卵。冬季低温会造成大量死亡。土壤的相对湿度为 10%~30%时，有利于化蛹和羽化，低于 10%时有不良影响，低于 5%则不能羽化。大豆食心虫喜欢在多毛的品种上产卵，结荚时间长的品种受害重，大豆荚皮的木质化隔离层厚的品种对大豆食心虫幼虫钻蛀不利。

（3）危害：成虫产卵于大豆嫩荚上，每荚 1 粒。幼虫孵化后多从豆荚边缘合缝附近蛀入，先吐丝结成细长形薄白丝网，在其中咬食荚皮穿孔进入荚内为害。大豆收割前后，老熟幼虫在豆荚边缘穿孔脱荚，入土越冬。雨量多、土壤湿度大，有利于化蛹、成虫羽化和幼虫脱荚入土。少雨干旱对其发生不利。大豆连作受害重，轮作发生轻。低洼地比平地、岗地发生重，旱年尤为明显。

（4）防治方法：

①农业防治：选种抗虫品种。品种与大豆食心虫为害关系密切，要选种光荚大豆品种、木质化程度高的品种等。合理轮作，尽量避免连作。豆田翻耕，尤其是秋季翻耕，可提高越冬死亡率，减少越冬虫源基数。

②生物防治：赤眼蜂对大豆食心虫的寄生率较高。可以在卵高峰期释放赤眼蜂，每公顷（15亩）释放30万~45万头，可降低虫食率43%左右。撒施菌制剂。将白僵菌洒入田间或垄台上，提高对幼虫的寄生率，降低幼虫化蛹率。

③药剂防治：

喷粉：20%倍硫磷粉剂，或2%杀螟松粉剂，或1.5%甲基1605粉剂，或3%混灭威粉剂，亩用1.5~2千克。

喷雾：根据情况使用药剂，选择剂量兑水喷雾。不仅能毒杀成虫而且能杀死一部分卵和初孵幼虫；幼虫入荚盛期之前，再喷一次，还能杀死大部分入荚的幼虫。

3.大豆根潜蝇

（1）形态特征：

①成虫：体长2.2~2.4毫米，黑色，翅浅紫色有金属光泽，复眼暗黑褐色。头部额约为一眼宽的1.5倍，上眶鬃3根，下眶鬃1根。胸部盾片沟前正中毛列10行。触角3节。翅透明，略带紫色光泽，前缘脉粗大，翅脉具毛，径中横脉位于中室外侧2/3处。腹部具黄绿色金属光泽。腋瓣灰色，缘缨棕黑。

②卵：长椭圆形，长0.4毫米，宽约0.04毫米，白色透明。末龄幼虫体长4毫米，乳白色略发绿，前、后气门各1对，后气门较长，向内弯呈镰刀状。蛹长2.5毫米，长椭圆形，黑褐色。

③幼虫：体长约3.2~4.2毫米，呈淡黄色，半透明，圆筒形，尾部稍细。前气门1对，靴形，具24至30个气门孔，排成2行。后气门1对较大，从尾端伸出与尾轴垂直，互相平行，表面有28至41个气门孔。末龄幼虫体长4毫米，乳白色略发绿，前、后气门各1对，后气门较长，向内弯呈镰刀状。

④蛹：体长约2.1~3.0毫米，长卵圆形，黑色。前后气门明显突出，靴形。

（2）生活史：在东北、内蒙古1年发生1代，以蛹在豆株根部或被害植株根部附近土内越冬。在黑龙江省越冬蛹翌年5月末至6月初羽化，时值大豆幼苗1对单叶和1个3出复叶刚长出，羽化盛期为6月上旬至中旬，6月上旬产卵，产卵盛期为6月中旬。6月上旬孵化，孵化盛期为 6 月中旬至下旬。老熟幼虫于 6 月下旬开始化蛹、越冬。

（3）危害：主要在大豆苗期进行危害，食性单一，只危害大豆和野生大豆，幼虫在大豆苗根部皮层和木质部钻蛀危害，并排出粪便，造成根皮层腐烂，形成条状伤痕。受害根变粗、变褐、皮层开裂或畸形增生，幼虫的粪便和取食刺激韧皮组织木栓化，形成肿瘤，导致大豆根系受损伤而不能正常生长和吸收土壤中的各种营养成分。成虫刺破和舐食大豆幼苗的子叶和真叶，取食处形成小白点以至透明的小孔或呈枯斑状。

（4）防治方法：

①农业防治：合理轮作。此虫取食、交配、产卵的适温为 20℃至 25℃。黑龙江省 5 月份为该虫羽化出土盛期，降雨后土壤湿润，对羽化有利，因而对成虫发生有利。

豆田秋季深翻或耙茬。进行深耕秋翻，蛹翻入土下 30 厘米则不能羽化。耕翻能把蝇蛹埋入土层较深处影响羽化率，据试验，蝇蛹接近地面者羽化率为 72%，深度 5 厘米者为 50%，深度 10 厘米者为 41%，深度 29 厘米者仅 10%；秋耢当年豆茬地能把在地表下越冬蛹带到地表，经冬季长期低温和干燥的影响，死亡率增加；增施肥料促进幼苗早发，亦能减轻危害，即使受害恢复也快。

适时早播、施足基肥，适当增施 P、K 肥，培育壮苗，增加豆株的抗虫能力，尽可能避开成虫产卵和孵化盛期，能减轻危害。凡是播种早，幼苗生长发育快，当幼虫盛发时主根的木质化程度已较高，能忍耐幼虫钻蛀者，受害则轻；反之，幼苗根茎细嫩受害则重。

②化学防治：播前防治。沟施。5%涕灭威颗粒剂 2.5 千克/亩，3%呋喃丹颗粒剂 2.5 千克/亩。拌种。50%辛硫磷乳油按种子重量的 0.2%拌种。田间（生长期）喷药防治成虫。25%爱卡士乳油 1500 倍液，2.5%溴氰菊酯乳油 2000 倍液，40%绿莱宝乳油 1000 倍液，40%乐斯本乳油 1200 倍液，或 40%乐果乳油 1000 倍液与 80%敌敌畏乳油 2000 倍液混用。药剂熏杀成虫。在成虫盛发期用 80%敌敌畏乳油 125g/亩或 40%乐果乳油 200g/亩，混拌细砂 20 千克或浸玉米穗轴 15 千克，均匀撒在地内。

4.草地螟

（1）形态特征：

①成虫：淡褐色，体长 8~10 毫米，前翅灰褐色，外缘有淡黄色条纹，翅中央近前缘有一深黄色斑，顶角内侧前缘有不明显的三角形浅黄色小斑，后翅浅灰黄色，有两条与外缘平行的波状纹。

②卵：椭圆形，长 0.8~1.2 毫米，为 3~5 粒或 7~8 粒串状粘成复瓦状的卵块。

③幼虫：共 5 龄，老熟幼虫 16~25 毫米，1 龄淡绿色，体背有许多暗褐色纹，3 龄幼虫灰绿色，体侧有淡色纵带，周身有毛瘤。5 龄多为灰黑色，两侧有鲜黄色线条。

④蛹：蛹长 14~20 毫米，背部各节有 14 个赤褐色小点，排列于两侧，尾刺 8 根。

（2）生活史：成虫白天一般潜伏在草丛中及作物田间，受惊动时短距离飞行，如地面温度在 30 度以上时，也可近地面飞行、觅食。傍晚和夜间活动最盛，对光有较强的趋性。成虫需补充营养后交配产卵，如花蜜含糖量不足 25%时，繁殖力明显下降，有成群迁飞的习性。雄性在性成熟以后，雌性在交配后卵巢尚未成熟时，常在日落后地表温度出现递增现象时起飞，通常在 75 米以下高空随气流飞翔，时速 15~25 千米，飞行距离可达200~300 千米以上。

（3）危害：成虫飞翔力弱，喜食花蜜，卵散产于叶背主脉两侧，常 3~4 粒在一起，以距地面 2~8 厘米的茎叶上最多。初孵幼虫多集中在枝梢上结网躲藏，取食叶肉，3 龄后食量剧增，取食大豆等植物叶片，幼虫共 5 龄。

（4）防治方法：成虫高峰期过后 10~15 天，大豆百株有幼虫 30~50 头，在幼虫 3 龄期以前，6 月 20 至 25 日，用 2.5%敌百虫用量 30 千克/公顷，2.5%的高效氯氟氰菊酯水乳剂 225~300 毫升/公顷粉剂喷粉，2.5%的功夫，或 2.5%敌杀死乳油每公顷 300~600 毫升，或 80%的敌敌畏乳油每公顷 750~1000 毫升用超低量喷雾器喷洒。

5.红蜘蛛

（1）形态特征：成虫体长 0.3~0.5 毫米，红褐色，有 4 对足。雌螨体长 0.5 毫米，卵圆形或梨形，前端稍宽隆起，尾部稍尖，体背刚毛细长，体背两侧各有 1 块黑色长斑；越冬雌虫朱红色有光泽。雄虫体长 0.3 毫米，紫红至浅黄色，纺锤形或梨型。卵直径 0.13 毫米，圆球形，初产时无色透明，逐渐变为黄带红色。幼螨足 3 对，体圆形，黄白色，取食后卵圆形浅绿色，体背两侧出现深绿长斑。若螨足 4 对，淡绿至浅橙黄色，体背出现刚毛。

（2）生活史：大豆红蜘蛛以受精的雌成虫在土缝、杂草根部、大豆植株残体上越冬。次年 4 月中下旬开始活动，先在小蓟、小旋花、蒲公英、车前等杂草上繁殖为害，6~7 月转到大豆上为害，7 月中下旬到 8 月初随着气温增高繁殖加快，迅速蔓延；8 月中旬后逐渐减少，到 9 月份随着气温下降，开始转移到越冬场所，10 月份开始越冬。

（3）危害：大豆红蜘蛛在大豆整个生育期均可发生，初为点片发生，以成螨和若螨群集于叶背面结丝成网，刺吸叶汁。大豆叶片受害初期叶正面出现黄白色斑点，3~5 天后斑点扩大加密，叶片出现红褐色斑，局部甚至全部卷缩，枯焦变黄或红褐色，落叶甚至光秆，严重时整株死亡。施氮肥多的地块发生重。食物缺乏时，有迁移的习性，7~8 月份是为害高峰期，杂草多或植株稀疏长势差的地块发生较重。

（4）防治方法：

①农业防治：施足底肥，增加磷钾肥，后期不脱肥，及时除净杂草，干旱及时灌水，有条件的进行水旱轮作，能减轻发病。

②化学防治：点片发生、大豆卷叶株率 10%时应立即用药防治，可结合防治蚜虫选用

73%灭螨净 3000 倍液或 40%二氯杀螨醇 1000 倍液或 25%克螨特乳油 3000 倍液或 20%扫螨净、螨克乳油 2000 倍液等喷雾，连喷 2~3 次。干旱条件下加喷液量 1%植物型喷雾助剂药笑宝、信得宝等。

③生物药剂防治：有机大豆可选用 1.8%阿维菌素乳油、0.3%印棟素乳油 1500~2000 倍液，或 10%浏阳霉素乳油 1000~1500 倍液、2.5%华光霉素 400~600 倍液、仿生农药 1.8%农克螨乳油 2000 倍液喷雾，干旱条件下加喷液量 1%植物型喷雾助剂药笑宝、信得宝等。

第六节　抗灾减损

一、自然灾害

黑龙江省每年因农业气象灾害造成的经济损失占全省整年 GDP 的 2%~4%，旱灾和洪涝灾致使粮食减产 12%左右，其他自然灾害致使粮食减产约 5%。20 世纪 70 年代、90 年代及 2010 年以前黑龙江省干旱受灾比相对较大，全省处于较干旱阶段。近些年来随着各地水利工程的兴建、灌溉技术的提高、抗旱技术的推广，干旱灾害得到了不同程度的控制，但经济建设迅速发展、生态环境改变、人口增长等多方面因素导致水资源匮乏，加之逐年平均气温明显升高，干旱仍是制约作物产量的主要灾害，如图 3-5。

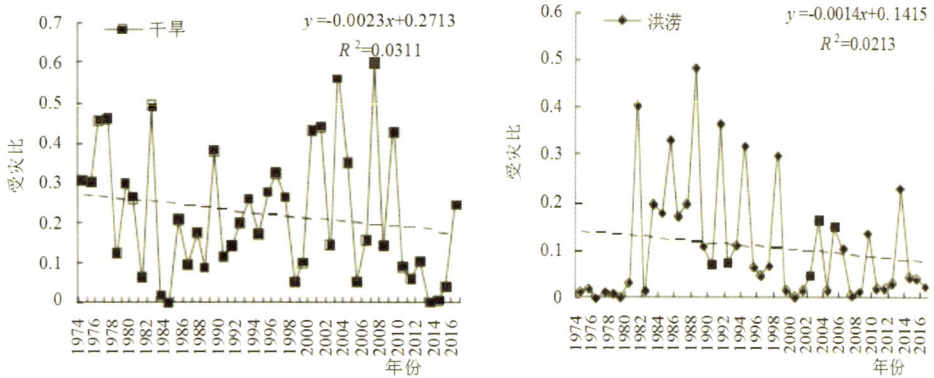

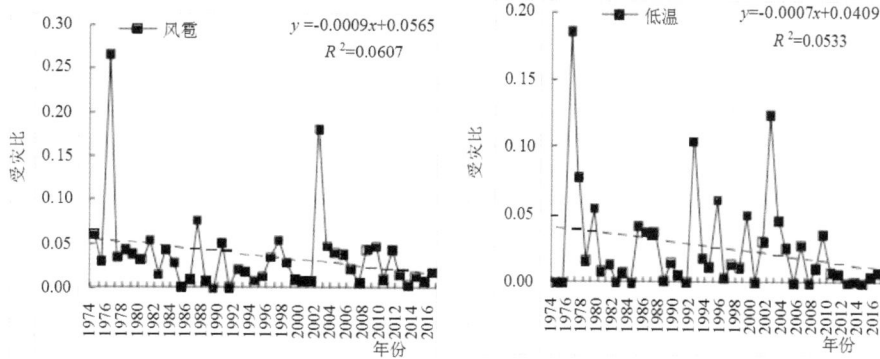

图3-5 黑龙江省多年农作物干旱、洪涝、风雹、低温受灾比

（一）抗旱措施

（1）选用高蛋白抗旱品种。

（2）深耕深松。以土蓄水，深耕深松，打破犁底层。加厚活土层，增加透水性，加大土壤蓄水量。减少地面径流，更多地储蓄和利用自然降水。

（3）增施有机肥。平衡施肥。以肥补水，增施肥料，可降低生产单位产量用水量，在旱作地上施足有机肥可降低用水量 50%-60%。在有机肥不足的地方要大力推行秸秆还田技术，增加土壤有机质，提高土壤的抗旱能力。平衡施肥，合理施用化肥，也是提高土壤水分利用率的有效措施。

（4）防旱保墒的田间管理。主要是正确运用中耕和镇压保蓄土壤水分。

（5）地面覆盖保墒。一是薄膜覆盖。在春播作物上应用可增温保墒，抗御春旱。二是秸秆覆盖。即将作物秸秆粉碎，均匀地铺盖在作物或果树行间，减少土壤水分蒸发，增加土壤蓄水量，起到保墒作用。

（二）防涝措施

（1）选用高蛋白耐涝品种。

（2）及时排除田间积水。大豆成熟期尤其怕涝，田间积水后，应及时开沟排水，根据积水情况和地势，可采取抽水和挖沟排水等方法，尽快把田间积水排出去，减少田间积水时间。

（3）及时扶正田间植株。植株经过水淹和风吹，根系受到损伤，容易倒伏，排水后必须及时扶正、培直，可用竹竿或木棍将大豆从倒伏的一侧缓慢挑起，然后培土即可，以利进行光合作用，促进植株生长。

（4）及时中耕松土。排水后土壤板结，通气不良，水、气、热状况严重失调，应及时浅中耕，以破除板结，防止沤根。

（5）及时增施肥。大豆经过水淹，土壤养分大量流失，加上根系吸收能力衰弱，及时追肥对植株恢复生长和增加产量十分有利。在植株恢复生长前，以叶面喷肥为主。每亩可用 30 克磷酸二氢钾对水 40 千克喷施。植株恢复生长后，再进行根部施肥，以减轻涝灾损失。一般每亩追施尿素 5~10 千克。

（6）涝灾过后，田间温度高、湿度大，作物生长衰弱，抗逆性降低，多种病虫害易发生，要及时进行调查和防治，控制蔓延。可用多菌灵或者 25%甲霜灵可湿性粉剂 600~800 倍液喷雾或者 64%杀毒矾可湿性粉剂 500 倍液防治大豆根腐病或 10%的吡虫啉每亩 100 克，对水 30~50 千克防治大豆蚜虫。每亩用 2.4%溴氰菊酯对水 30~50 千克防治食心虫、豆荚螟。

（三）雹灾后补救措施

1.及时排水和中耕松土

下冰雹若伴随较多的雨水，可造成田间积水、地面板结、田间湿度过大，严重破坏了大豆根系的生长环境。因此，雹灾后应及时清沟排水，以降低土壤湿度，并要及时连续进行 2~3 次中耕松土。特别是盐碱地和板结地更为重要，避免发生泛盐和淤泥板结而造成死苗。

2.及时化学调节和叶面喷肥

在基本没有叶片的豆田，可先选用叶面肥、细胞分裂素、芸苔素内脂等促进植物生长的调节剂及时喷施，待长出叶片后再加强喷施叶面肥；对于受害较轻、叶片保留较多的，可化学调节与叶面喷肥同时使用。

3.及时追肥

灾后及时追肥，可以改善大豆营养状况，使其在尽快恢复生长的基础上，促进后期的生长发育，以弥补灾害损失。

4.及时除治病虫害

受灾大豆再生长后多为幼嫩分枝和叶片，抗病虫能力差，易招惹虫害，特别是草地螟，一经发现须及时除治，以免造成不必要的损失，保证大豆迅速正常生长。使用药剂可选择吡虫啉乳油，亩用量 100 毫升或 3%啶虫脒乳油，亩用量 30~40 毫升。

（四）低温冷害措施

大豆低温冷害的防控原则是以预防为主，防控结合，精细管理，综合防控。通过合理轮作、选择抗低温大豆品种、种子精选与包衣处理、适期播种、平衡施肥、合理中耕、适时化控等农业技术措施，培育大豆壮苗，促进其生长发育，进而增强大豆抗低温冷害能力。

1.田间排涝除湿

低洼易涝、已出现大面积明水的大豆田块，要及时疏通沟渠、挖渗水沟，加快排水散墒。尽可能使大豆免于水浸或处于高湿环境，提高根系的呼吸、抗病和供养能力。

2.增施叶面肥

有条件地区可通过航化作业等方式，在大豆鼓粒期喷施磷酸二氢钾加米醋或硼钼等微肥，加速籽实干物质积累，促进早熟、增加粒重；也可喷施"鱼多肽（海藻鱼蛋白）+磷酸二氢钾"促早熟、防早霜。

（1）"鱼多肽+磷酸二氢钾"混用：160~180g 鱼多肽+70g 磷酸二氢钾+40 水/亩，喷施1~2 遍，第一遍最好在结荚初期，一周后喷第二遍。

（2）单独使用磷酸二氢钾：需要 100g 磷酸二氢钾+40 水/亩，喷施。

3.人工熏烟防早霜

关注天气变化，在凌晨 2~3 时，当气温降到作物受害的临界温度 1~2℃时，采取人工熏烟的方法防早霜。在未成熟大豆地块的上风口，放置秸秆、树叶、杂草等点燃，慢慢熏烧，使地面笼罩一层烟雾，提高近地面温度 1~2℃，改变局部环境，降低霜冻危害。

4.病虫防控减损失

密切监测田间病虫，做好预测预报，及时采取药剂防治。重点防治大豆灰斑病、霜霉病、菌核病和大豆食心虫等病虫。此外，及时清除杂草，在草籽形成前人工拔除大草，以利于通风透光，促熟增产。

二、预防收获储藏损失

（一）适时早收

在大豆叶子全部脱落后 5~7 天内，即摇铃期及时收获，可防炸荚并保持籽粒的完整率。收获太早，大豆籽粒和秸秆含水率高，造成产量低且不宜直接贮藏；若收获过晚，籽粒和秸秆太干，收获时易引起豆荚炸裂造成损失。一天中最佳收获时间在上午 9 点到下午 5 点，中午 12 点到下午 1 点若天气过于炎热不宜作业。带露水或下雨时、雨后未晾晒不收割，田间多青绿杂草不收割，否则会影响大豆外观品质。

（二）调整大豆收割机割台

在大豆收获时，割台损失大约占总损失量的80%以上，因此，作业时一定要注意降低割台损失。漏割、炸荚、掉荚、掉枝是割台损失的主要形式。漏割指大豆收割时割台位置高，致使切割器切割后，大豆割茬上有未被收获的豆荚而造成的损失。大豆最低结荚位置一般在秸秆6~8厘米高度处，切割器切割位置在4~6厘米高度以下，就不会造成漏割。但割台调得过低又会造成割刀负担重甚至断刀铲土，因此要控制合理的割台高度，最好采用大豆专用割台。大豆完熟期后期收获时，由于豆荚干燥，茎秆在割刀切割和拨禾轮碰撞时震动，导致豆荚破裂，使豆粒掉落在割台外造成的损失为炸荚。收获时由于拨禾轮的碰撞而致豆荚脱落或植株被拨禾轮的拨板挑出落地而造成的损失为掉荚、掉枝。因此，切割器割刀尽量锋利，合理调节拨禾轮的转速和位置，可降低炸荚和掉荚、掉枝造成的损失。

（三）正确调整和使用脱粒装置

脱不净使豆粒随秸秆排出机外，或者豆粒破碎造成收获损失以及籽粒破碎率高，主要是由于脱粒装置使用调整不当所致。滚筒脱粒转速、凹板间隙决定了未脱净损失和破碎率的大小。相对于小麦收获，大豆收获时滚筒速度低且脱粒间隙大。大豆收获早时含水率大，籽粒较难脱净，应选用高转速和小间隙；收获较晚时，植株含水率低，籽粒易脱易碎，作业时要采用低转速、大间隙。在保证脱净率的前提下，脱粒速度越小且脱粒间隙越大，作业效果越好，但各机型及不同品种大豆会有差异，脱粒滚筒转速和脱粒间隙调整以豆粒不裂开、脱粒干净为准。

（四）正确调整风机风量和筛片开度

大豆和小麦粒型大小和杂余不同，正确调整风机风量和筛片开度可控制大豆夹带损失。在粮箱籽粒含杂率允许的前提下，出风口开度和风扇转速尽可能大，同时将颖壳筛的开度调到最大，尾筛角度调高，以不吹出豆粒为准。清选损失和清洁率是矛盾的，作业中要一起考虑。在保证清洁率不超标的前提下，可适当通过减小风机风量、调大筛片筛孔的开度、提高尾筛位置等措施，减少大豆的夹带损失。

总之，由于大豆品种、种植方式、生长状态和收获期等差异，收获时植株含水量、喂入量、破碎率、脱净率和含杂情况不同，在不同田间作业条件下，要通过试割观察调整，运用以上基本原则，才能达到满意的收获效果。

（五）储藏注意事项

清除杂质，种子风干达到标准水，通风，干燥、低温保存，防止大豆发霉造成经济损失。

第四章 寒地高蛋白大豆优质高产高效栽培技术

近年来，黑龙江省农业科学院大豆研究所根据生产发展需求和黑龙江省高蛋白大豆生产现状，培育了高蛋白一系列大豆品种，黑农48、黑农82、黑农84、黑农88、黑农91、黑农98、黑农511等，并在传统"垄三栽培""窄行密植"栽培技术的基础上，研究与优化了适合寒地高蛋白品种的高产保质增效栽培技术，创建了高蛋白大豆优质高产高效栽培技术体系，为高蛋白大豆品种量身制定并颁布了标准化技术过程，为寒地高蛋白大豆生产提供了科学理论与技术支撑。现将主要技术叙述如下，为农业科技推广人员和生产者提供参考。

第一节 "垄三"增效技术

一、"垄三"栽培技术基础

"垄三"栽培模式是黑龙江八一农垦大学于1985年研制成功的"旱作大豆高产技术配套体系研究"的简称，是把垄底深松、垄体分层施肥、垄上双条精播三项措施合为一体的配套技术。其成功地将大豆科学研究的单项成果，集成组装成一套栽培技术体系，由一台专用耕播机实行一两次联合作业，完成了"垄底垄沟深松，垄体分层施肥和垄上双条精播"的任务要求，实现了农机和农艺的完美结合。

"垄三"模式是根据自然条件特点和大豆生长发育需求建成的栽培技术体系，克服了限制大豆产量因子的制约，它具有协调性、完整性、系列化和规范化等鲜明的特点。"垄三"栽培技术体系适合较低湿地区，比当地常规栽培方法增产19.2%左右。目前，"垄三"栽培还是黑龙江省应用最普遍的栽培模式，一般垄距65厘米，行距12厘米，种植密度为公顷保苗22万株-35万株，因不同生态条件和品种有所差异，如图4-1。

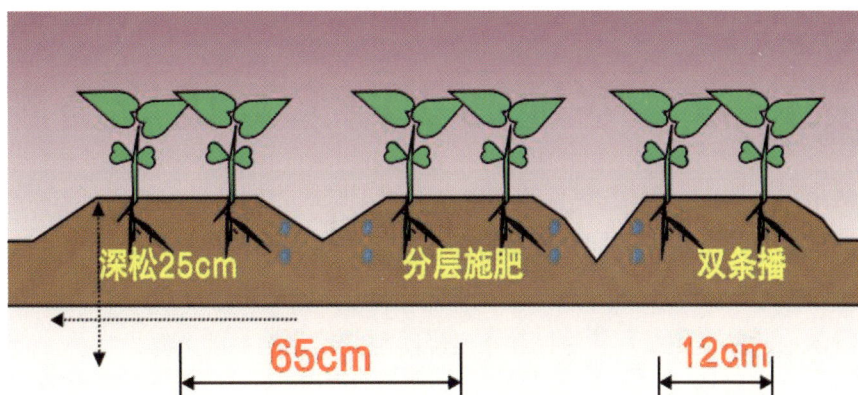

图4-1 "垄三"栽培技术模式

图4-2 "垄三"栽培技术的垄型

（一）技术概述

大豆"垄三"栽培技术，又叫大豆"三垄"栽培技术，即垄底、垄沟深松（25厘米），创造良好的土壤环境；垄体分层施肥，调整肥料合理分布，保证大豆营养供给；垄上双条精播（10~12厘米），调控植株均匀分布，促进群体旺盛生长。主要技术包括：一、以翻、旋、松相结合耕作；二、为垄作栽培方式；三、分层深施肥；四、为垄上双条精密点播；五、改一机单用为一机多用。

（二）技术要点

1.土壤深松技术

深松是指对土壤进行深松。深松的深度以打破犁底层为标准，一般深松的深度以 25~30 厘米为宜。根据深松部位的不同，可分为垄体深松、垄沟深松和全方位深松等三种方法。

（1）垄体深松也称为垄底深松。有两种方法：一种是整地深松起垄，这种方法是结合整地进行深松起垄，如搅麦茬深松和在已经耕翻或耙茬的基础上深松起垄，都属整地深松范畴。另一种垄体深松也称为深松播种，使用大型"三垄"耕播机在垄体深松的同时，进行深施肥和精量播，这种方法使三种技术一次作业完成。

（2）用深松铲对垄沟进行深松。根据深松时期的不同，可分为播后出苗前垄沟深松和苗期垄沟深松等。也可利用小型"垄三"耕种机在播种的同时进行垄沟深松。

（3）全方位土壤深松。是指利用全方位深松机对整个耕层进行深松，可以做到土层不乱，加深耕作层，深松深度可达 50 厘米以上。

2.化肥深施技术

化肥深施是提高化肥利用率的重要技术措施。化肥做种肥，施肥深度要在 10 厘米以上，即化肥施在种下 5 厘米处为宜。化肥做底肥，施肥深度要达到 15~20 厘米，即施在种下 10~15 厘米处为宜。

3.精量播种技术

精量播种是实现大豆植株分布均匀，克服缺苗断空，合理密植，提高产量的主要技术措施。目前除在劳动力充足的地方，农民采用人工扎眼、人工手摆等精量播种方法外，绝大多数地方都已采用机械精量播种。这种方法可以实现开沟、下籽、施肥覆土等连续作业，不但加快了播种进度，缩短了播期，同时，还能保证播种质量。

4.其他技术措施

（1）选择（适宜）的优良品种：严格进行种子精选。要选择高产、优质、成熟期适宜、秆强、主茎发达、抗逆性强的推广品种。由于实行精量播种，对种子质量要求严格，所以种子必须经过精选，剔除病粒、虫食粒、杂质，使种子质量达到纯度高于 98%，净度高于 98%，发芽率高于 90%，种子大小均匀。

（2）实行伏秋精细整地："垄三"栽培技术对整地质量要求很高，要做到耕层土壤细碎、地平，提倡深松起垄，垄向要直，垄宽一致，努力做到伏秋精细整地，秋施农家肥，有条件的也可以秋施化肥。在上冻前 7~10 天深施化肥比较好。生产上常用的整地方法主要有：伏秋翻耙深松起垄，可同时施入有机肥和化肥做底肥。伏秋翻耙，春深松起垄，结合播种直垄施肥。搅茬深松起垄；伏秋翻整平耙细；待春天随播随起垄；秋或春破茬深松施肥起垄等。

（3）适时播种，保证播种质量：要做到适期播种。一般在 5 月 10—15 日，中南部地区 4 月 25 日—5 月 10 日播种，精量播种要根据保苗株数，计算好播量，然后在垄上进行双行精量播种，双行间小间距 10~12 厘米。机械垄上穴播，穴距一般在 18~20 厘米，每穴 3~4 株。播种深度以镇压后 4~5 厘米为宜，播种、镇压要连续作业。

（4）增施肥料并合理施用：大豆是需肥较多的作物，为了满足大豆高产的需要，应增施肥料。根据各地经验，一般亩施二铵 10~15 千克，尿素 3.5 千克左右，硫酸钾 5 千克。提倡施用大豆专用肥，如生根粉、硼钼微肥等。利用大型"垄三"耕播机深施肥，可做到分层施入。若施肥数量大，第一层施在种下 4~5 厘米处，占施肥总量的 30%~40%；第二层施在种下 8~15 厘米处，占施肥量的 60%~70%。若施肥量偏少，第二层施在种下 8~10 厘米处就可以了。施肥量低于 5 千克时，可集中一次施入做种肥。

（5）加强田间管理：在大豆拱土时，进行铲前蹚一犁或垄沟深松，或视当地的具体情况进行苗期垄沟深松，及时铲耥，做到两铲三耥，搞好病虫草害的防治，后期拔净大草。有条件的地方可适期施肥和灌溉。

（6）适期收获：适期收获是保证优质高产的重要措施，要掌握好时期，实行分品种单独收获，单储、单运，人工收获在落叶达 90%时进行，机械联合收割在叶片全部落净、豆粒归圆时进行，避开露水，防止籽粒黏附泥土，影响外观品质。收割要割茬低、不留荚。一般割茬高 5~6 厘米，田间损失率小于 1%，脱粒损失率小于 2%，清洁率达 95%以上。

二、"垄三"增效技术

（一）"垄三"增效单项技术研究与优化

黑龙江省农业科学院大豆研究所与佳木斯分院在"垄三"栽培的基础上以高蛋白高产多抗品种黑农 84 与高油高产广适品种黑农 87 为试验材料，在哈尔滨和佳木斯两地进行"垄三"增效单项技术的优化研究，以期为高蛋白品种生产提供配套技术。

1.少耕栽培技术的研究与优化

试验对两个地点不同栽培条件下的土壤容重、含水量、品种产量、品质进行测试分析，结果显示，不同栽培方式不仅对土壤结构和水分状况有不同程度的影响，而且对品种产量和蛋白、脂肪含量及品质产量也有影响。哈尔滨和佳木斯两地试验结果基本一致，垄作可有效保持土壤水分，提高大豆子实产量和品质产量，提高大豆水溶性蛋白含量；少耕垄作较少耕平作和常规垄作增产，较对照增产 3.21%~6.19%，黑农 84 的蛋白产量增加 4.71%~6.7%，黑农 87 的脂肪产量增加 3.57%~7.24%。少耕平作利于黑农 87 脂肪积累，但品种产量和单位面积脂肪产量还是低于垄作。试验结果表明：黑农 84、黑农 87 较适合垄作栽培，少耕垄作更优于常规垄作，可使黑农 84、黑农 87 产量、品质同步提升，见表 4-1、表 4-2、表-3。

表 4-1 不同栽培方式对土壤结构和水分状况的影响

试验地点	处 理	容重（克/厘米³）	全吸水量（%）	田间持水量（%）	绝对含水量（%）	相对含水量（%）
哈尔滨	常规垄作 CK	1.39	45.53	27.80	24.41	84.28
	少耕平作	1.49	44.75	26.58	23.89	83.00
	少耕垄作	1.34	47.60	28.42	23.96	84.70
佳木斯	常规垄作 CK	1.42	51.20	30.82	24.14	84.23
	少耕平作	1.51	49.85	28.51	21.91	82.87
	少耕垄作	1.39	53.27	31.45	23.98	83.63

表 4-2 不同栽培方式对黑农 84 品种产量和蛋白产量的影响

试验地点	处 理	公顷产量（千克/公顷）	增减产（%）	蛋白质含量（%）	蛋白产量（千克/公顷）	增减产（%）
哈尔滨	常规垄作 CK	2896.3	0	42.1	1219.3	0
	少耕平作	2860.8	-1.23	41.8	1195.8	-1.9
	少耕垄作	3075.6	6.19	43.3	1301.0	6.70
佳木斯	常规垄作 CK	2881.2	0	41.5	1195.7	0
	少耕平作	2853.1	-0.98	40.9	1166.9	-2.4
	少耕垄作	3009.6	4.46	42.6	1252.0	4.71

表 4-3 不同栽培方式对黑农 87 品种产量和脂肪产量的影响

试验地点	处 理	公顷产量（千克/公顷）	增减产（%）	脂肪含量（%）	脂肪产量（千克/公顷）	增减产（%）
哈尔滨	常规垄作 CK	2908.3	0	22.56	656.1	
	少耕平作	2870.8	-1.3	22.87	656.6	0.08
	少耕垄作	3082.0	5.97	22.83	703.6	7.24
佳木斯	常规垄作 CK	2903.6	0	23.01	668.1	
	少耕平作	2861.9	-1.44	23.17	663.1	-0.75
	少耕垄作	2996.8	3.21	23.14	693.5	3.80

2.种植密度的筛选与优化

不同种植密度对黑农 84、黑农 87 产量构成因素及产量的影响，如表 2-5 所示，两品种随种植密度增加株高、底荚高度都有所提高，而单株荚数、粒数、单株粒重有所下降，但产量变化规律不尽一致。黑农 84 随着密度增加产量和蛋白质含量先提升后下降，但差异不显著，在 26 万株/公顷时产量和品质均达最高值，24 万株/公顷时亦可达到产量和品质同步提高的状态。黑农 87 的产量也随密度增加而增加，差异不显著，密度在 26 万~28 万株/公顷时，产量和脂肪含量均达高限值，实现产量和品质同步提高。试验结果表明，黑农 84 的适宜种植密度是 24 万~26 万株/公顷，黑农 87 的适宜种植密度是 26 万~28 万株/公顷，见表 4-4。

表 4-4　不同密度处理黑农 84、黑农 87 的产量和品种的影响

品种	地点	密度（万株/公顷）	株高（厘米）	荚高（厘米）	节数	单株荚数	单株粒数	百粒重（克）	单株粒重（克）	产量（千克/公顷）	脂肪（%）	蛋白质(%)
黑农84	哈尔滨	22	95.6	24.8	18.6	48.5	97.2	23.0	21.6	3670b	19.62	42.88
		24	97.4	28.5	18.7	43.1	87.7	22.9	17.5	3779ab	19.85	43.85
		26	100.7	30.5	18.4	38.4	82.3	22.6	17.1	3829a	19.63	44.32
		28	101.8	32.6	18.5	37.3	79.4	22.8	16.3	3708b	19.98	43.02
		30	103.6	35.9	18.6	33.2	69.2	20.9	14.5	3650b	19.75	43.86
	佳木斯	22	93.6	18.4	17.1	39.9	76.3	19.5	18.8	3273b	19.68	43.63
		24	101.4	22.1	18.8	34.2	71.0	23.0	16.3	3271b	19.65	41.85
		26	101.7	21.3	18.6	35.4	73.2	22.9	15.2	3408a	19.68	43.66
		28	102.8	21.4	18.6	33.1	68.8	22.7	14.3	3343b	19.43	43.51
		30	103.5	26.7	18.5	30.5	62.3	22.2	13.1	3309b	19.55	42.83
黑农87	哈尔滨	22	85.6	21.5	17.5	42.3	93.5	20.8	20.2	3608b	22.28	37.86
		24	88.6	26.8	17.6	38.8	88.6	19.8	17.2	3623b	22.21	38.07
		26	92.0	28.3	17.7	40.4	87.1	20.2	16.7	3778a	22.43	37.82
		28	91.9	29.1	17.3	39.3	84.6	19.7	16.3	3690ab	22.59	37.55
		30	94.9	31.1	17.8	37.3	77.2	19.5	14 7	3679b	22.30	38.02
	佳木斯	22	87.4	19.8	17.5	43.1	95.0	20.5	20.3	3328B	22.56	37.83
		24	91.5	23.8	17.2	34.8	79.5	20.4	15.6	3282b	22.45	38.17
		26	95.0	25.3	17.2	36.4	78.4	19.8	14.9	3493a	22.87	37.92
		28	94.9	26.1	17.8	34.3	73.9	20.1	14.3	3496a	23.20	37.65
		30	97.9	28.1	17.1	33.3	68.9	19.6	13.0	3375a	22.83	37.72

3.肥料组合的研究与优化

（1）试验设计：试验于 2019 年在哈尔滨进行，试验区土壤为黑土，基础肥力为碱解氮 103.24 毫克/千克，速效磷 89.00 毫克/千克，速效钾 217.84 毫克/千克，有机质 3.2%，pH 6.98。试验随机区组设计，肥料组合处理 8 个，以 $N_0+P_{12}+K_8$ 为对照，4 行区，行长 6 米，行距 65 厘米，三次重复，成熟时每小区随机选取 10 株进行考种，全小区收获测产，采用布鲁克近红外分析仪测蛋白含量、脂肪含量。

对照：$N_0+P_{12}+K_8$ck

处理 1：$N_7+P_{12}+K_8$

处理 2：$N_7+P_{12}+K_{10}$

处理 3：$N_7+P_{14}+K_8$

处理 4.：$N_7+P_{14}+K_{10}$

处理 5：$N_{10}+P_{12}+K_8$

处理 6：$N_{10}+P_{12}+K_{10}$

处理 7：$N_{10}+P_{14}+K_8$

处理 8：$N_{10}+P_{14}+K_{10}$

式中：N、P、K 分别表示氮、五氧化二磷和氧化钾。

（2）试验结果：试验结果表明，不同的肥料组合对品种农艺性状的影响不同，N_7 水平处理与对照相比，黑农 84、黑农 87 植株干物质积累量、单株产量、公顷产量和品质都维持一个相对高的水平，公顷产量平均增加 8.1%、8.2%，黑农 84 蛋白产量平均增加 14.1%，而黑农 87 脂肪产量平均增加 11.5%。N_{10}^- 水平处理下，黑农 84、黑农 87 植株干物质积累量、单株产量、公顷产量虽高于对照，但公顷产量与 N_7 水平处理接近，差异不显著，而黑农 84 的蛋白产量明显低于 N_7 水平处理，黑农 87 的平均脂肪产量与 N_7 水平处理接近，无显著差异。说明适量施用氮肥有助于产量的提高和籽粒蛋白的积累；如果过高或不施氮肥都可降低大豆对氮素的吸收，影响大豆籽粒蛋白的形成。

本试验中虽然 $N_7+P_{12}+K_{10}$ 和 $N_7+P_{14}+K_8$ 处理都可提高大豆产量和蛋白含量，但处理 2：$N_7+P_{12}+K_{10}$ 肥料组合对黑农 84 产量和蛋白质含量提升效果最佳，见表 4-5；而 $N_7+P_{14}+K_8$ 和 $N_7+P_{12}+K_{10}$ 处理虽可同时提高大豆产量和脂肪含量，但处理 4：$N_7+P_{14}+K_{10}$ 肥料处理组合对提升黑农 87 产量和脂肪含量效果最佳，见表 4-6。

表 4-5　不同施肥组合对黑农 84 品种产量和蛋白含量的影响

处理	百粒重（克）	秸秆重（克/株）	粒重（克/株）	产量（千克/公顷）	增产（%）	蛋白含量（%）	蛋白产量（千克/公顷）	蛋白产量增减（%）
1（ck）	21.9	42.5	19.2	3250.0	—	40.82	1326.65	—
2	22.5	46.8	21.8	3478.0	7.0	42.63	1469.88	11.8
3	22.8	48.2	22.3	3540.3	8.9	43.74	1548.53	16.7
4	22.0	46.9	22.2	3553.8	9.3	43.15	1533.46	15.6
5	23.0	44.8	21.6	3479.5	7.1	42.87	1491.66	12.4
6	22.9	44.9	21.0	3389.5	4.3	41.87	1419.18	7.0
7	22.5	45.3	22.0	3439.0	5.8	42.02	1445.07	8.9
8	21.9	46.4	21.2	3448.0	6.1	41.92	1445.40	9.0
9	22.2	46.0	21.5	3459.3	6.4	41.12	1422.46	7.2

表 4-6　不同肥料对黑农 87 品种产量和脂肪含量的影响

处理	百粒重（克/株）	秸秆重（克/株）	粒重（克/株）	产量（千克/公顷）	增产（%）	脂肪含量（%）	脂肪产量（千克/公顷）	脂肪产量增减（%）
1（ck）	20.9	54.5	19.6	3177.0	—	21.82	693.22	—
2	21.5	46.8	20.8	3352.0	5.5	22.04	738.78	6.6
3	21.8	50.2	21.3	3438.4	8.2	22.34	768.14	10.8
4	22.1	46.9	22.2	3458.7	8.9	22.73	786.16	13.4
5	22.3	41.8	21.6	3493.6	10.0	22.85	798.29	15.2
6	21.7	44.9	20.7	3421.5	7.7	22.67	775.65	11.9
7	21.5	45.3	21.3	3346.9	5.3	22.52	753.72	8.7
8	21.6	38.4	20.9	3357.6	5.7	22.64	760.16	9.7
9	21.9	42.3	20.2	3359.3	5.7	22.68	761.89	9.9

4.新型肥料组合的选择

（1）试验材料：

供试品种：黑农 84 和黑农 87。

供试肥料：固体肥料硫酸钾（$K_2O \geqslant 51\%$）、磷酸二铵（$P_2O_5 \geqslant 45\%$）和有机肥紫牛（有机质 $\geqslant 90\%$，$N+P_2O_5+K_2O \geqslant 12\%$），液体肥为硫代硫酸铵，新美洲星（有机水溶肥拌种剂）。

（2）试验设计：

表 4-7　肥料处理用量

处理	磷酸二铵+硫酸钾（千克/公顷）	硫代硫酸铵（千克/公顷）	有机肥（千克/公顷）
T1：常规施肥（固体肥）100%　CK	225	/	/
T2：50%常规施肥（固体肥）+有机 100%	112.50	/	150
T3：30%常规施肥（固体肥）+有机 100%	67.50	/	150
T4：常规施肥（液体肥）100%	/	37.50	/
T5：50%常规施肥（液体肥）+有机 100%	/	18.75	150
T6：30%常规施肥（液体肥）+有机 100%	/	11.25	150

试验在哈尔滨市道外区民主乡黑龙江省农业科学院现代农业示范区进行，前茬作物为玉米。试验随机区组设计，在 6 个肥料处理（不拌种）的基础上，见表 4-7，再进行一次新美洲星拌种处理，每个处理三次重复，4 行区，行长 5 米，垄距 0.65 米。未施底肥，直接施用种肥，在苗前进行封闭除草，成熟期每小区选连续的 10 株考种，全小区收获测产，并进行品质分析。

（3）试验结果：

①有机肥与无机肥配施对大豆蛋白质和脂肪含量的影响：不同处理对黑农 84 的品质含量影响不同，在无拌种的条件下，T2 和 T6 处理比 T1 常规施肥（CK）蛋白质含量提高2.7%；T2 和 T5 对黑农 84 脂肪含量影响显著，T2 处理黑农 84 脂肪含量最高为 19.9%，比

T1 脂肪含量提高 2.6%。在新美洲星拌种处理下，黑农 84 的品质含量有不同程度提高，与未拌种相比蛋白质含量平均提高 1.9%，脂肪含量提高 1.9%。组合间以新美洲星拌种与 T3（30%化肥+有机肥）处理下黑农 84 蛋白质含量最高，为 43.66%，比 T1 常规施肥提高 2.5%；以新美洲星拌种与 T2（50%化肥+有机肥）处理下黑农 84 脂肪含量最高，为 20.2%，比 T1 常规施肥提高 2.5%，如图 4-3。

在无拌种的情况下，T2 和 T6 处理对黑农 87 蛋白质含量提高显著，在 T6 处理时最高为 37.53%，比 T1 常规施肥（CK）提高 2.9%；T2 和 T5 显著提高黑农 87 脂肪含量，在 T2 处理时最高为 23.2%，比 T1 脂肪含量提高 3.2%。新美洲星拌种处理下，黑农 87 的蛋白质、脂肪含量均有提高，与未拌种相比蛋白质含量平均提高 1.1%，脂肪含量平均提高 2.5%。

组合间以新美洲星拌种与 T2 处理下黑农 87 蛋白质含量最高，为 38%，比 T1 常规施肥提高 3.1%。同样在新美洲星拌种与 T2（50%化肥+有机肥）处理下黑农 87 脂肪含量最高，为 23.73%，比 T1 常规施肥提高 3.2%，如图 4-4。

试验结果表明，在无拌种的情况下 T2 和 T6 处理均可提高黑农 84、黑农 87 蛋白质含量，在 T6 处理时蛋白质含量达最高值，T2 处理脂肪含量最高。新美洲星拌种下 T3 处理时黑农 84 蛋白质含量最高，T2 处理黑农 87 脂肪含量最高，组合间以新美洲星拌种与 T2 处理对品质提升效果最佳，如图 4-3、图 4-4。

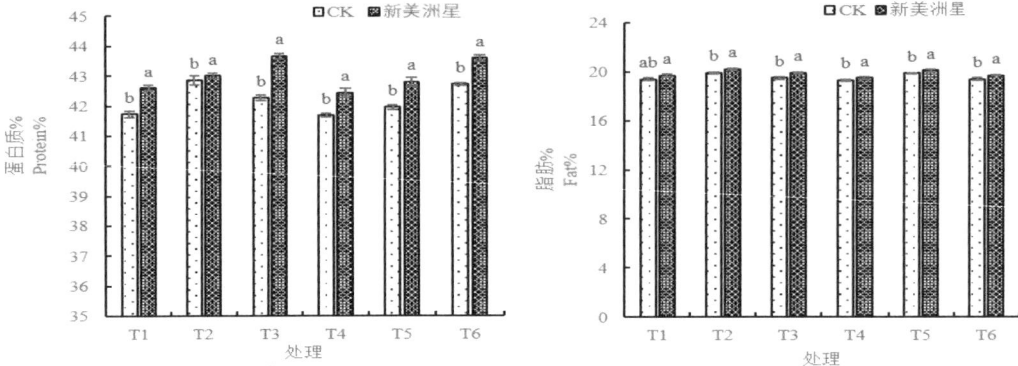

图 4-3　有机与无机肥配施对黑农 84 蛋白质和脂肪含量的影响

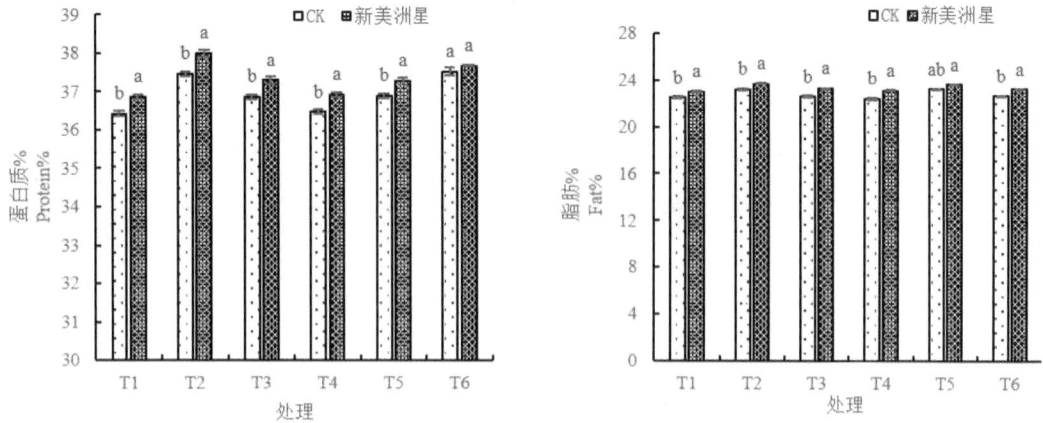

图 4-4 有机肥与无机肥配施对黑农 87 蛋白质和脂肪含量的影响

②有机肥与无机肥配施对大豆产量及构成因素的影响：与常规施肥相比，各处理间黑农 84 株高和主茎节数无显著差异，而单株荚数、单株粒数、单株粒重、百粒重、产量差异显著。无拌种的条件下，T2 处理大豆株高、单株荚数、单株粒重、百粒重最高，T5 处理单株粒数最多。新美洲星拌种对大豆株高、单株荚数、单株粒数、单株粒重、百粒重和产量影响显著（P<0.05）。组合间以新美洲星拌种与 T2 处理可显著提高大豆株高、单株荚数、单株粒数、单株粒重和百粒重。

有机肥与无机肥配施，T2、T3、T5 和 T6 处理可不同程度提高大豆产量。无拌种的情况下，黑农 84 在 T2 大豆产量最高为 3793.3 千克/公顷，T5 次之，为 3753.3 千克/公顷，T2、T3 比 T1 产量高 12.5%、6.2%，T5 比 T4 产量高 11.8%，T6 与 T4 相比产量提高 8%。与不拌种处理相比，拌种处理下大豆产量平均提高 3.6%，在 T2 处理下大豆产量最高，为 3893 千克/公顷，T5 次之为 3870 千克/公顷，T2 比 T1 常规施肥产量提高 10.3%，T3 比 T1 产量提高 5%，T5 比 T4 产量提高 8.7%，T6 与 T4 常规施肥相比产量提高 3.9%。黑农 87 不同处理的产量变化规律与黑农 84 相同见表 4-8、表 4-9、表 4-10、表 4-11。

表 4-8 有机与无机肥配施对黑农 84 产量及产量构成因素的影响

处理	株高/cm	主茎节数（个/株）	粒数（个/株）	荚数（个/株）	粒重（克/株）	百粒重（克/株）	产量（千克/公顷）
T1	80.00a	19.30a	120.00c	60.67c	22.48c	18.66c	3373.30c
T2	83.80a	18.00ab	152.00a	77.67a	30.28a	20.98a	3793.30a
T3	77.30a	17.67b	133.00b	67.67b	24.39b	19.52b	3583.30b
T4	80.33a	18.00ab	121.00c	61.00c	22.41c	18.57c	3356.70c
T5	81.33a	17.30b	150.67a	76.67a	30.16a	20.91a	3753.30a
T6	83.30a	18.67a	132.33b	67.00b	24.29b	19.17b	3626.70b

（注：同一列数据后的不同字母表示在 0.05 水平上差异显著，下同。）

表 4-9　美洲星拌种后有机肥与无机肥配施对黑农 84 产量及产量构成因素的影响

处理	株高（厘米）	主茎节数(个/株)	粒数（个/株）	荚数（个/株）	粒重（克/株）	百粒重（克/株）	产量（千克/公顷）
T1	85.00a	19.00a	129.33c	62.00c	24.57c	19.58c	3530.00c
T2	86.33a	18.30ab	164.00a	79.33a	32.38a	21.72a	3893.00a
T3	82.33a	18.00ab	146.67b	69.00b	26.86b	20.74b	3707.00b
T4	81.67a	18.30ab	129.00c	62.33c	24.52c	19.54c	3560.00c
T5	82.83a	18.00ab	163.33a	78.67a	32.35a	21.69a	3870.00a
T6	84.33a	18.70a	146.00b	68.00b	26.81b	20.68b	3700.00b

（注：同一列数据后的不同字母表示在 0.05 水平上差异显著，下同。）

表 4-10　有机与无机肥配施对黑农 87 产量及产量构成因素的影响

处理	株高（厘米）	主茎节数（个/株）	粒数（个/株）	荚数（个/株）	粒重（克/株）	百粒重（克/株）	产量（千克/公顷）
T1	86.00a	19.00a	111.00c	55.00c	19.91c	15.21c	2790.00c
T2	87.80a	18.70ab	141.00a	61.00b	24.00a	17.68a	3220.00a
T3	85.33a	17.70bc	125.00b	65.67a	21.86b	16.42b	2943.00b
T4	84.67a	17.33c	112.00c	56.00c	20.28bc	15.38c	2803.00c
T5	86.33a	17.67bc	144.00a	66.30a	24.67a	17.80a	3200.00a
T6	85.33a	18.67ab	123.00b	60.00b	21.90b	16.40b	2940.00b

表 4-11　有机与无机肥配施对黑农 87 美洲星拌种后产量及产量构成因素的影响

处理	株高（厘米）	主茎节数（个/株）	粒数（个/株）	荚数（个/株）	粒重（克/株）	百粒重（克/株）	产量（千克/公顷）
T1	87.50a	19.33a	134.00c	60.30c	22.35c	15.65c	2846.00c
T2	88.50a	18.30ab	175.00a	79.00a	27.18a	18.73a	3280.00a
T3	86.33a	18.00ab	146.00b	66.70b	23.50b	17.00b	3070.00b
T4	85.67a	18.00ab	136.00c	59.70c	22.35c	15.80c	2873.00c
T5	87.33a	18.33ab	173.00a	65.30b	26.51a	18.50a	3273.00a
T6	86.67a	18.67a	145.00b	78.00a	23.90b	17.10b	3063.00b

（4）试验结论：

①有机与无机肥配施对大豆品质的影响：施肥能够改善大豆品质，但大量施用单元素化肥或单一品种化肥会影响大豆的生长发育。本试验结果表明，减施化肥增施有机肥能有效提高大豆蛋白质含量和脂肪含量。在 T2 处理下，对黑农 84 大豆蛋白质含量提升最大，高于 CK 5.27%；对黑农 87 大豆脂肪含量提升也最大，高于 CK 3.4%。施用硫肥能提高作物产量还能改善作物品质，而且硫肥具有增强作物抗逆性等作用。本试验通过有机肥和硫肥的合理平衡施用有利于提高大豆品质。新美洲星含有作物生长所需的多种营养元素，不仅能平衡养分供给还能增强作物抗逆能力，有效提高作物产量和品质。本试验研究表明，与对照相比新美洲星拌种后的大豆籽粒饱满、大小均匀、有光泽以及无虫害，有效提高了

大豆蛋白质含量和脂肪含量。

②有机与无机肥配施对大豆产量及构成因素的影响：本试验通过减施化肥配施有机肥，证明对大豆产量构成因子影响较大，增产达到显著水平。硫能使作物进行很好的新陈代谢，促进其体内各种元素的运转功能，还能增强抗寒和抗旱能力，在缺硫的情况下，施用硫肥可明显提高作物产量。本试验表明与单施硫肥相比，硫肥和有机肥的合理配施可显著提高两品种的产量。新美洲星拌种可提高大豆株高、单株荚数、单株粒数、粒重、百粒重和产量。

5.化控技术研究与优化

（1）试验材料：供试化控剂：LMA 及 LMB，均由黑龙江省植物生长调节剂工程技术研究中心配制提供。

（2）试验设计：试验于 2021 年 5 月在黑龙江八一农垦大学安达试验基地进行，化控药剂处理采用大田叶面喷施方法，于大豆苗期（V3）、初荚期（R3）及鼓粒期（R5）分别喷施两种复配植物生长调节剂 LMA、LMB，并以清水作为对照（CK），试验采用随机区组设计，3 次重复，小区垄距 0.65 米，垄长 18 米。药剂喷施处理详见表4-7。

（3）取样调查测定方法：从初花期（R3）喷施药剂后 7 天开始取样，以后每隔 7 天取样 1 次，共 5 次。各处理分别取样 15 株，按照地上部茎、叶和荚分开进行形态学指标的测定。在成熟期收获测产，每小区 1 平方米，3 次重复。同时处理和对照各随机取样 15株，用于产量构成因素的分析，籽粒用于品质指标的测定。

蛋白质含量测定采用考马斯亮蓝法，大豆脂肪含量的测定方法采用索氏脂肪浸提法。

（4）结果与分析：不同时期喷施化控复配制剂对品种农艺性状的影响结果不一，详见表 4-12、表 4-13、表 4-14、表 4-15。

①不同时期喷施化控复配制剂对大豆株高的影响：不同时期喷施化控复配制剂对大豆株高的影响明显，但无明显规律，两品种使用化控剂后株高前后变化不尽稳定。

表 4-12 黑农 84 与黑农 87 各处理调节剂应用方案

序号	处理编号	调节剂处理	
		喷施时期	调节剂
1	CK	未喷施药剂	
2	A	V3	LMA
3	B	V3	LMB
4	AA	V3、R3	LMA、LMA
5	AB	V3、R3	LMA、LMB
6	BA	V3、R3	LMB、LMA

序号	处理编号	调节剂处理		序号
		喷施时期	调节剂	
7	BB	V3、R3		LMB、LMB
8	AAA	V3、R3、R5		LMA、LMA、LMA
9	AAB	V3、R3、R5		LMA、LMA、LMB
10	ABA	V3、R3、R5		LMA、LMB、LMA
11	ABB	V3、R3、R5		LMA、LMB、LMB
12	BAA	V3、R3、R5		LMB、LMA、LMA
13	BAB	V3、R3、R5		LMB、LMA、LMB
14	BBA	V3、R3、R5		LMB、LMB、LMA
15	BBB	V3、R3、R5		LMB、LMB、LMB

②不同时期喷施化控复配制剂对大豆茎粗的影响：在大豆整个发育期间，AB 处理及 ABB 对大豆茎粗的影响明显高于对照，对于两个品种而言，喷施化控复配制剂的 AB 处理利于防止倒伏。

③不同时期喷施化控复配制剂对大豆叶干重的影响：AB 处理的叶干重在整个发育时期较为稳定增加，且明显高于对照。在 28 天时，两个品种叶干重分别高于对照 4.31% 和 33.91%。

④不同时期喷施化控复配制剂对大豆茎干重的影响：运用化控复配制剂，可以适当调控大豆的茎干重，有利于有机物向荚粒中的运输。AB 处理、BB 处理及 ABB 处理，其茎干重优于对照。

⑤不同时期喷施化控复配制剂对大豆荚数的影响：一定程度应用化控复配制剂有利于大豆荚数的增加，但不同品种对化控复配制剂的反应不一致。对黑农 84 而言，其 AB 处理、ABB 处理、BBA 处理、AAA 处理及 A 处理较好；而对于黑农 87 而言，其 AB 处理、AAA 处理、ABA 处理、A 处理、AA 处理、BB 处理、BBB 处理及 ABB 处理较好。

⑥不同时期喷施化控复配制剂对大豆荚粒干重的影响：喷施化控复配制剂试验表明，一定程度应用化控复配制剂有利于黑农 84 和黑农 87 的荚粒干重的增加，但品种间反应不一致。对于黑农 84 而言，其 AB 处理、ABB 处理、BBA 处理及 AAA 处理较好；而对于黑农 87 而言，其 AB 处理、A 处理、BB 处理、AAA 处理及 ABB 处理较好。

⑦不同时期喷施化控复配制剂对大豆产量构成因素及理论产量的影响：不同时期喷施化控复配制剂均能提高大豆产量。对两个品种而言，ABB 处理表现最优。其中黑农 84 的单株粒重比对照增加 19.39%，黑农 87 的单株粒重比对照增加 32.66%，分析其构成因素发现，主要与单株粒数和百粒重的改善有密切关系，见表 4-13，表 4-14。

⑧不同时期喷施化控复配制剂对大豆蛋白质和脂肪含量的影响：不同时期喷施化控复

配制剂均能提升大豆蛋白质和脂肪含量。进一步分析发现，叶面喷施化控制主要有利于增加醇溶蛋白及碱溶蛋白含量，对于全蛋白含量提升 AB、AAA 处理效果较好，而对脂肪含量的提高，AAA 处理、A 处理、AB 处理及 ABB 处理效果较好，均高于对照，见表 4-15，表 4-16。

表 4-13 不同时期喷施化控复配制剂对大豆黑农 84 产量构成因素及理论产量的影响

处理编号	密度（万株/公顷）	株荚数（个）	株粒数（个）	百粒重（克）	单株粒重（克）	理论产量（千克/公顷）
CK	20.01 ± 1.00	40.00 ± 6.76bc	77.13 ± 21.57e	21.14 ± 0.73ef	18.82 ± 3.86abcd	3759.40 ± 144.15ab
A	18.34 ± 0.58	48.27 ± 8.85ab	106.33 ± 21.85a	22.30 ± 0.39def	22.18 ± 5.20ab	4074.52 ± 580.16ab
B	18.34 ± 0.58	49.80 ± 12.89a	106.60 ± 29.70a	23.16 ± 0.77cdef	21.59 ± 5.15abc	3587.21 ± 287.04b
AA	20.34 ± 0.24	40.53 ± 9.17bc	82.47 ± 20.98cde	25.43 ± 0.52a	19.54 ± 3.78abcd	4197.59 ± 355.40ab
AB	19.01 ± 1.00	44.00 ± 7.57abc	94.60 ± 20.14abcde	23.89 ± 0.75bcde	20.75 ± 4.39abc	4105.70 ± 458.87ab
BA	18.01 ± 1.00	41.67 ± 9.58abc	95.47 ± 22.01abcde	21.98 ± 0.48fg	19.55 ± 5.26abcd	3752.53 ± 162.28ab
BB	18.34 ± 0.58	38.47 ± 7.07c	80.27 ± 18.32de	23.23 ± 0.57cdef	16.85 ± 2.63d	3647.82 ± 227.08b
AAA	20.01 ± 1.73	45.00 ± 11.34abc	102.13 ± 29.37ab	24.17 ± 0.67bcd	19.96 ± 5.37abcd	3993.49 ± 511.20ab
AAB	19.34 ± 2.08	46.13 ± 11.35abc	98.27 ± 25.38abcd	23.86 ± 0.17bcde	20.60 ± 4.60abcd	3959.83 ± 504.91ab
ABA	18.68 ± 1.16	44.60 ± 9.31abc	95.27 ± 26.84abcde	23.38 ± 0.80bc	19.83 ± 4.87abcd	3693.98 ± 521.23b
ABB	20.01 ± 1.00	47.07 ± 8.01abc	100.67 ± 19.61abc	24.91 ± 1.24b	22.47 ± 4.62a	4488.78 ± 174.00a
BAA	19.34 ± 1.53	39.00 ± 7.45c	76.87 ± 11.84e	24.42 ± 0.52bc	18.27 ± 3.01cd	3591.03 ± 380.66b
BAB	19.68 ± 1.53	43.13 ± 11.79abc	91.47 ± 20.27abcde	23.28 ± 0.97cde	20.65 ± 5.70abcd	4047.92 ± 269.64ab
BBA	19.68 ± 0.58	43.07 ± 14.40abc	86.60 ± 17.65bcde	23.31 ± 0.27cde	18.58 ± 3.53bcd	3983.94 ± 515.05ab
BBB	20.01 ± 1.00	43.47 ± 10.03abc	89.20 ± 22.44abcde	21.59 ± 0.61g	18.87 ± 3.52abcd	3771.30 ± 72.95ab

表 4-14 不同时期喷施化控复配制剂对大豆黑农 87 产量构成因素及理论产量的影响

处理编号	密度（万株/公顷）	株荚数（个）	株粒数（个）	百粒重（克）	单株粒重（克）	理论产量（千克/公顷）
CK	22.01 ± 1.00	27.53 ± 9.74d	56.40 ± 19.57abc	19.15 ± 0.80e	10.15 ± 3.45e	2914.31 ± 77.41b
A	23.01 ± 1.00	30.07 ± 5.18bcd	76.87 ± 15.81ab	19.87 ± 0.65cde	14.48 ± 2.86abcd	3327.35 ± 12.99ab
B	21.68 ± 1.53	33.47 ± 5.03abcd	79.53 ± 19.18abc	20.81 ± 0.95bcd	14.46 ± 2.39abcd	3064.78 ± 411.38b
AA	22.68 ± 0.30	30.20 ± 5.37bcd	69.67 ± 13.86c	21.83 ± 0.56ab	14.13 ± 3.55bcd	3401.06 ± 233.53ab
AB	22.01 ± 1.00	35.73 ± 10.07ab	75.07 ± 23.38bc	22.55 ± 1.77a	15.05 ± 3.89abcd	3183.98 ± 211.06b
BA	23.35 ± 0.58	29.13 ± 6.61bcd	73.80 ± 13.92abc	20.08 ± 1.12cde	12.97 ± 2.04d	3026.77 ± 30.20b
BB	21.68 ± 1.53	29.20 ± 10.14bcd	62.07 ± 17.54abc	19.87 ± 0.65cde	12.59 ± 3.23d	3040.95 ± 170.89b
AAA	20.68 ± 0.58	37.93 ± 5.59a	90.53 ± 15.17abc	22.08 ± 1.08de	16.64 ± 2.58ab	3441.81 ± 231.03ab
AAB	22.68 ± 1.53	29.07 ± 7.10cd	68.40 ± 13.92abc	21.12 ± 0.63cde	13.62 ± 3.02cd	3247.66 ± 471.52b
ABA	21.34 ± 0.58	33.93 ± 7.03abcd	80.07 ± 16.03abc	19.82 ± 0.68abc	14.24 ± 2.97bcd	3039.93 ± 426.33b
ABB	22.68 ± 1.16	35.33 ± 8.67abc	81.60 ± 18.79abc	21.87 ± 0.87ab	17.09 ± 3.46a	3866.01 ± 195.42a
BAA	22.34 ± 1.16	30.00 ± 5.11bcd	70.80 ± 13.74abc	20.49 ± 0.33cde	14.79 ± 4.73abcd	3393.38 ± 679.80ab
BAB	20.68 ± 1.53	31.87 ± 6.03abcd	84.47 ± 14.65abc	19.96 ± 0.47cde	13.84 ± 1.83cd	2863.33 ± 247.37b
BBA	22.68 ± 1.53	35.20 ± 10.79abc	89.27 ± 23.55a	20.53 ± 0.34cde	14.86 ± 3.38abcd	3348.57 ± 333.33ab
BBB	21.68 ± 1.16	33.47 ± 8.34abcd	85.13 ± 25.49abc	19.71 ± 0.39cde	15.88 ± 3.37abc	3448.50 ± 337.32ab

表 4-15 不同时期喷施化控复配制剂对大豆黑农 84 蛋白含量的影响

处理编号	水溶蛋白（%）	盐溶蛋白（%）	醇溶蛋白（%）	碱溶蛋白（%）	全蛋白（%）
CK	29.27 ± 0.56b	5.43 ± 0.21de	0.42 ± 0.04bc	6.40 ± 0.30b	41.52 ± 0.76d
A	30.45 ± 0.39ab	5.52 ± 0.16de	0.40 ± 0.07bcd	7.26 ± 0.48a	43.62 ± 0.07abc
B	29.17 ± 0.51b	5.42 ± 0.48de	0.39 ± 0.04cd	6.74 ± 0.14ab	43.79 ± 0.10
AA	31.19 ± 0.90a	5.34 ± 0.21e	0.60 ± 0.04a	7.24 ± 0.2a	41.72 ± 1.16a
AB	31.19 ± 2.28a	5.34 ± 0.13e	0.44 ± 0.02bc	6.82 ± 0.56ab	44.38 ± 2.45ab
BA	31.18 ± 0.81a	5.42 ± 0.10de	0.38 ± 0.01d	7.06 ± 0.32a	44.04 ± 0.90ab
BB	29.47 ± 0.31ab	5.48 ± 0.16de	0.42 ± 0.03bc	6.87 ± 0.21ab	42.24 ± 0.32bcd
AAA	31.18 ± 0.15a	5.29 ± 0.25e	0.60 ± 0.02a	7.12 ± 0.21a	44.19 ± 0.57ab
AAB	29.67 ± 0.47ab	5.86 ± 0.56cd	0.55 ± 0.04a	6.96 ± 0.06ab	43.04 ± 0.88abcd
ABA	30.47 ± 0.47ab	6.25 ± 0.09bc	0.45 ± 0.03bc	6.69 ± 0.34ab	43.84 ± 0.92ab
ABB	29.90 ± 1.18ab	6.27 ± 0.17bc	0.45 ± 0.03bc	6.83 ± 0.32ab	43.44 ± 1.18abcd
BAA	28.93 ± 0.89b	6.43 ± 0.16ab	0.42 ± 0.04bc	6.92 ± 0.07ab	42.71 ± 0.92abcd
BAB	29.05 ± 0.51b	6.60 ± 0.17ab	0.46 ± 0.05b	6.65 ± 0.33ab	42.76 ± 0.60abcd
BBA	28.82 ± 0.26b	6.23 ± 0.11bc	0.39 ± 0.03cd	6.71 ± 0.14ab	42.15 ± 0.11bcd
BBB	29.30 ± 0.83b	6.80 ± 0.19a	0.45 ± 0.03bc	6.40 ± 0.48b	42.95 ± 1.45abcd

表 4-16　不同时期喷施化控复配制剂对大豆黑农 87 蛋白含量的影响

处理编号	水溶蛋白（%）	盐溶蛋白（%）	醇溶蛋白（%）	碱溶蛋白（%）	全蛋白（%）
CK	22.91 ± 1.48d	6.54 ± 0.32c	0.38 ± 0.04e	6.53 ± 0.15e	36.36 ± 1.45f
A	24.88 ± 0.80abc	6.53 ± 0.73c	0.67 ± 0.14ab	7.34 ± 0.24bc	39.41 ± 0.51bc
B	23.22 ± 1.00d	6.68 ± 0.29bc	0.36 ± 0.03e	6.64 ± 0.24e	39.66 ± 1.74ef
AA	25.84 ± 0.59a	8.10 ± 0.52a	0.58 ± 0.02abc	7.41 ± 0.06abc	36.89 ± 0.26a
AB	24.46 ± 0.57abcd	7.27 ± 0.28b	0.44 ± 0.02cde	7.49 ± 0.31ab	41.93 ± 0.51bc
BA	24.27 ± 0.70bcd	6.81 ± 0.23bc	0.44 ± 0.03cde	6.55 ± 0.05e	38.07 ± 0.88cdef
BB	23.75 ± 0.44bcd	6.43 ± 0.19c	0.48 ± 0.03cde	6.76 ± 0.29e	37.42 ± 0.77def
AAA	25.10 ± 0.54ab	7.01 ± 0.25bc	0.71 ± 0.07a	7.83 ± 0.40a	40.65 ± 1.04ab
AAB	24.38 ± 0.21abcd	7.21 ± 0.23b	0.57 ± 0.15abc	7.66 ± 0.18ab	39.82 ± 0.62bc
ABA	23.51 ± 0.19cd	7.04 ± 0.10c	0.53 ± 0.09bcd	7.46 ± 0.28abc	38.54 ± 0.57cde
ABB	24.19 ± 1.24bcd	7.01 ± 0.18bc	0.54 ± 0.12bcd	7.27 ± 0.50bcd	39.01 ± 0.89bcd
BAA	23.47 ± 0.54cd	6.42 ± 0.51bc	0.54 ± 0.03bcd	7.00 ± 0.26cde	37.44 ± 0.40def
BAB	23.60 ± 0.57bcd	6.40 ± 0.45c	0.57 ± 0.01abc	6.86 ± 0.21de	37.43 ± 0.95def
BBA	23.94 ± 1.41bcd	6.37 ± 0.13c	0.40 ± 0.04de	6.81 ± 0.21de	37.52 ± 1.19def
BBB	23.07 ± 0.15d	6.51 ± 0.08c	0.45 ± 0.09cde	6.99 ± 0.18cde	37.03 ± 0.25ef

⑨试验结果：综上所述，不同时期喷施不同类型化控剂研究发现，苗期应用 A 型化控制剂，后期应用 A 型、B 型、AA 型、AB 型、BB 型化控制剂均增产，且增产效果明显，尤其是 ABB 化控制剂型的组合增产效果最显著。AB 处理、AAA 处理、ABB 处理对蛋白含量有显著提升作用，A 型、AAA 型对脂肪含量有提升作用。因此，ABB 处理、AB 处理及 AAA 处理具有较好的理论产量、蛋白含量及脂肪含量，尤其有利于增加醇溶蛋白和碱溶蛋白含量，有利于提升大豆的加工品质。

6.绿色防控

（1）试验方案：

①系统检测黑农 84、黑农 87 对主要病虫的抗性：通过盆栽接种和田间病圃自然发病，鉴定黑农 84、黑农 87 对大豆孢囊线虫病和根腐病的抗性；通过下胚轴接种和田间接种菌核自然发病法，鉴定出两个品种对菌核病的抗性；通过田间自然发病鉴定两个品种对大豆食心虫的抗性。

②对项目区主要病虫发生情况进行评估和预测：在品种适应区进行取土检测，检测项目包括大豆孢囊线虫生理小种类型和百克风干土中胞囊数量，对发病风险作出评估。调查适应区根腐病致病菌优势菌群、菌核病原菌和食心虫虫源数量。关注中长期天气预报，提前 15~20 天作出菌核病和食心虫发生程度预判，为防控预留充分的准备时间。

③根据检测结果，对"三病一虫"提出防控方案。

A：大豆孢囊线虫病防治：根据品种抗性，采取品种+轮作+农业技术措施，辅助少量生防药剂或化学药剂。

B：大豆根腐病防治：以轮作+药剂拌种+农业技术措施组合进行防治。

C：大豆菌核病防治：以轮作+田间管理，辅助药剂进行防治。

D：大豆食心虫防治：以轮作为主，根据虫源基数和气候情况做好预测，在成虫盛发期进行药剂防治（以 Bt 为主）。

（2）试验结果：

①黑农 84、黑农 87 对胞囊线虫 3 号小种的抗性鉴定。采用盆栽病土鉴定和田间鉴定两种方法，共 5 次重复。盆栽鉴定 1 次重复，在黑龙江省农科院大豆所盆栽场进行；田间自然发病分别在民主园区病圃、长岭湖病圃、嘉荫县旧城村病圃和嘉荫县上马村病圃 4 个病圃区同时进行。黑农 84、黑农 87 对大豆胞囊线虫 3 号小种鉴定结果如表 4-17。

表 4-17　黑农 84、黑农 87 对大豆胞囊线虫 3 号小种鉴定结果

品种名称	材料编号	单株大豆根部着生胞囊数量										胞囊指数	抗性分级
		1	2	3	4	5	6	7	8	9	10		
黑农84	KX01	12	18	20	16	15	23	18	16	11	22	15.4	抗
黑农87	KX02	85	92	64	81	102	90	73	79	105	94	78.1	感
LEE68	KX03	112	98	132	101	87	95	119	140	131	92		

②项目区土壤中线虫密度监测：对品种适应区的拜泉、海伦、绥棱、安达、大庆、林甸和泰康种植大豆的部分乡镇取样进行土壤中胞囊量检测，用以评估线虫发病风险。通过检测分析，取样点土壤中有胞囊存在，存在发病的风险，但是暂时的胞囊数量并未达到大发生的量级（表 4-18）。

③防治大豆根腐病高效种衣剂筛选。

试验品种：黑农 84、黑农 87。

试验方法：试验采用随机区组设计，3 次重复，7 行区，行长 10 米，行距 0.65 米，小区面积为 45.5 平方米，保苗株数 20 万株/公顷。采用机械开沟，人工点播，机器镇压。生育期人工除草 3 次，耥 2 次，田间接菌为尖孢镰刀菌、禾谷镰刀菌、燕麦镰刀菌、立枯丝核菌、疫霉菌 1 号小种。处理方式为商品种衣剂包衣播种，见表 4-19，分别于出苗后 10 天、出苗后 30 天、出苗后 60 天调查药剂处理对大豆根腐病的发病情况，并计算病情指数

和防效。

试验结果：调查中发现，出苗后 60 天调查时大豆植株根部裂痕较多，影响对根腐病的判别，所以调查结果仅做参考，以出苗后 10 天和出苗后 30 天调查数据为判断依据，结果显示，先正达（中国）投资有限公司提供的亮盾防治大豆根腐病效果最佳。

表 4-18　2020 年采集土样孢囊检出率和种群密度

采样地点	土样数量（份）	样本 SCN 检出数量	样本 SCN 检出率（%）	样本中最高孢囊数
拜泉县	6	4	66.6	9.6
海伦市	8	7	87.5	14.3
绥棱县	5	3	60.0	13.5
安达市	12	10	83.3	20.8
大庆市	16	12	75.0	18.3
林甸县	10	6	60.0	21.4
泰康县	10	7	70.0	20.6
合计	67	49		

表 4-19　不同种衣剂处理大豆根腐病的结果

处理	鲜重（克）	株高（厘米）	株荚数（个）	株粒数	百粒重（克）	实际产量（克/平方米）
CK	162.85	76.43a	17.37b	34.50b	16.17abc	193.14
适乐时	139.40	70.90ab	21.07ab	45.37ab	15.44abc	194.47
亮盾	170.19	73.53ab	20.40ab	42.70ab	16.70ab	206.75
高巧	145.63	67.43ab	21.40ab	47.27a	16.19abc	191.78
多克福（北农大）	138.43	72.57ab	21.40ab	44.30ab	15.84abc	204.18
北农 2 号	161.96	66.63 b	19.37ab	38.57ab	16.87a	183.93

注：种衣剂来源

高巧，由拜耳作物科学（中国）有限公司提供。

亮盾、适乐时，由先正达（中国）投资有限公司提供。

35%多克福、北农 2 号，由北农大涿州（海利）种衣剂有限责任公司提供。

④建成大豆菌核病试验病圃，鉴定品种抗病性：近几年大豆菌核病在我省已经由次要病害上升为主要病害，虽然不是常年大发生，但一旦发病，病株几乎等于绝产。目前生产上没有抗大豆菌核病的品种，但品种间的耐病性存在差异。为了明确这两个品种耐大豆菌核病的程度，提供防治理论依据，项目主持单位在民主乡科技示范园区建立了田间大豆菌核病病圃，利用田间接种菌核鉴定法，初步评价黑农 84 为中度感病，黑农 87 为轻度耐病。

⑤大豆食心虫最佳防治时期确定和飞防药剂筛选：大豆食心虫是我省发生最普遍的虫害，虽然一年只发生一代，但是可造成严重产量损失和品质下降。目前防治大豆食心虫的方法很多，技术也比较成熟。可以采用以轮作和加强田管为主的农业防治，可以采用以天敌昆虫、生防菌、Bt 药剂等为主的生物防治，还可以采用化学防治。豆农普遍采用的是成

虫盛发期进行化学药剂防治，但在生产上没有达到理想的防治效果，主要原因在于没有抓住最佳的防治窗口期。

本研究主要帮助豆农确定最佳防治时期，通过利用虫情测报灯、性诱剂或经验法进行判断。研究表明，我省大豆食心虫成虫盛发期基本在每年的 8 月 5~15 日之间，因此在这期间内找到成虫盛发期进行化学防治，就会取得事半功倍的防效。可利用现代生产条件，进行无人机喷药飞防食心虫。目前完全适合无人机的专用药剂不多，本研究在现有药剂中筛选出高效、成本低廉并能用于飞防的化学药剂或 Bt 生防药剂，通过近两年防效实验，防治效果最佳的药剂有 2.5% 的高效氯氟氰菊酯药剂和 Bt 药剂生防制剂。

（3）结论：

① "三病一虫" 在黑农 84、黑农 87 适应区发生情况预测。

A.大豆孢囊线虫病发生情况预测：通过土壤中孢囊数量的检测分析，取样点土壤中有胞囊存在，存在发病的风险，但是暂时的胞囊数量并未达到大发生的量级。

B.大豆根腐病发生情况预测：从近两年看，根腐病较以往发生严重，雨水充沛、低洼地块依然有潜在发生的可能。

C 大豆菌核病发生情况预测：大豆菌核病发生具有周期性、土壤中有菌核，大豆花荚期高温高湿是发病的气候条件。

D.大豆食心虫发生情况预测：大豆食心虫在我省是发生最普遍的虫害，一般虫食率 5% 左右，每年需要根据成虫发生的高峰期来确定防治方案时期和防治方案。

②综合防控技术方案：建议黑农 84、黑农 87 品种采取与禾本科、经济作物等进行合理轮作，前茬禁止用向日葵、油菜等；避免在地势低洼、排水不畅的地块种植，采取 62.5% 克/升精甲·咯菌腈（亮盾）悬浮种衣剂拌种，黑农 84 播种密度不宜过大，如果生育前期出现长势繁茂，可以采用多效唑在封垄前进行化控处理；在 8 月 5~15 日间成虫盛发期，可用 2.5% 的高效氯氟氰菊酯等化学农药或 Bt 药剂生防或无人机飞防大豆食心虫。

（二）"垄三" 增效技术的组装与集成

"垄三" 栽培技术是目前黑龙江省大豆生产中普遍应用并被农户熟知掌握的主推技术，为挖掘黑农 84 等高蛋白品种的高产优质潜能，对 "垄三" 栽培技术进行更新，现融进了已优化的单项技术因素，结合 "两免一翻" 整地，采用立体平衡施种肥+叶面追肥的施肥技术、绿色防控技术，组装形成 "垄三" 增效技术模式。主要内容包括：

1.少耕整地

采用秸秆碎粉还田，"两免一翻"，少耕整地，起 65 厘米垄，公顷保苗 24 万~26 万株。

2.合理轮作

米—米（杂粮）—大豆或米—豆—米轮作。

3.栽培模式

"垄三"栽培黑农 84、黑农 88，公顷保苗 24 万~26 万株；

4.减施化肥

测土配方施肥，增施有机肥，减少化肥常用量的 20%~30%，进行"立体平衡施底肥+叶面喷肥"，底肥使用比例为 N：P：K=1：1.7：1.5，分层侧深施肥，上层占 40%，下层占 60%。在花、荚、鼓粒期喷施叶面肥 2~3 次，适量加喷钼、锰微肥，保持和提高蛋白质含量。

5.化学除草

采用苗前封闭或苗后茎叶除草。

6.绿色防控

用精甲·咯菌腈悬浮种衣剂+噻虫嗪进行种子包衣；8 月 10 日左右，用高效氯氟氰菊酯或 Bt 类生物农药无人机飞防大豆食心虫。

第二节　"大垄"轻简技术

一、窄行密植技术基础

大豆窄行密植栽培技术是黑龙江省农业科学院佳木斯分院在 80 年代引进的美国大豆高产栽培新技术，经消化、吸收，嫁接到垄作耕作制上，经过再创新形成大垄窄行密植，包括 130 厘米垄上 4~6 行和 110 厘米垄上 3~4 行，又称大垄密或称大垄宽台密植；小垄窄行密植（45 厘米双条精量点播）又称小垄密植；平作窄行密植（平窄密或深窄密）等综合配套模式。

（一）技术要点

（1）选择节间短、秆强、抗倒伏、耐密植的大豆品种。

（2）深松。深松可以增加土壤的库容量，改善土壤的水分存储能力，满足大豆对水分的需求。

（3）深施种肥，喷施叶面肥。一般氮、磷、钾肥（有效成分）可按 1：（1.15~1.5）：

（0.5~0.8）比例，采用划刀式施肥装置，分层深施于种下 5 厘米和 12 厘米处。一般每亩施尿素 3 千克、磷酸二铵 15 千克、氯化钾 7 千克，在氮磷肥充足的条件下注意增加钾肥用量。为满足大豆花荚期对养分的需求，可分次用尿素加磷酸二氢钾作为叶面肥进行叶面喷施；第一次施用在初花期，第二次在盛花至结荚初期；每次用量为每亩 300~700 克尿素、100~300 克磷酸二氢钾。

（4）播种密度。一般品种适宜密度为每亩 2.2 万~2.4 万株，半矮秆品种可增加到 2.4 万~2.6 万株。整地质量好、肥力水平高的地块，要降低播量 10%；整地质量差、肥力水平低的地块，要增加播量 10%。适宜区域：平作窄行密植适合应用在土壤和生产水平较好的地区；大垄窄行密植适合应用在低洼地和雨水较多地区；小垄窄行密植适合应用在生产条件一般和采用小型拖拉机作业的地区。

（二）模式类型

1.大垄窄行密植

大豆大垄窄行密植栽培技术即将两条垄距为 65 厘米的垄合并为一条垄距为 130 厘米（或者 110 厘米）的大垄，在垄上播种 3~6 行大豆。其增产原理是在选择秆抗倒伏品种的基础上，通过缩小行距、增大株距、增加单位面积上的株数，来实现个体与群体的合理配置，增加绿色面积，改善植株的受光条件，充分利用阳光和地力，提高光能利用率，从而达到高产的目的。该模式具有抗旱耐涝、蓄水保水能力强等优点，是目前国际上大豆栽培应用面积较大、发展速度较快的一项先进的栽培技术，如图 4-5、图 4-6、图 4-7、图 4-8、图 4-9。

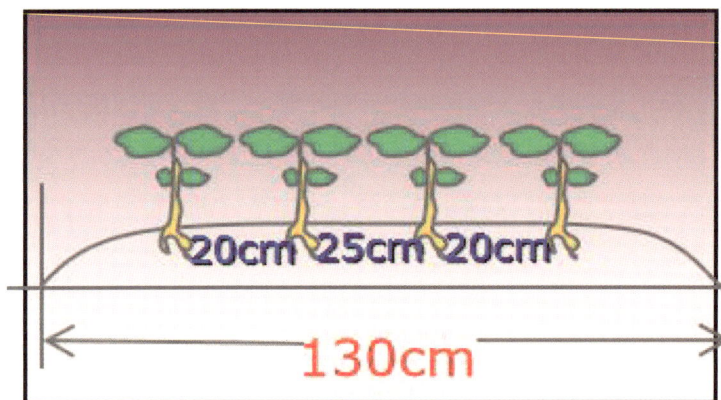

图 4-5　大垄（130 厘米垄上 4 行）窄行密植模式图

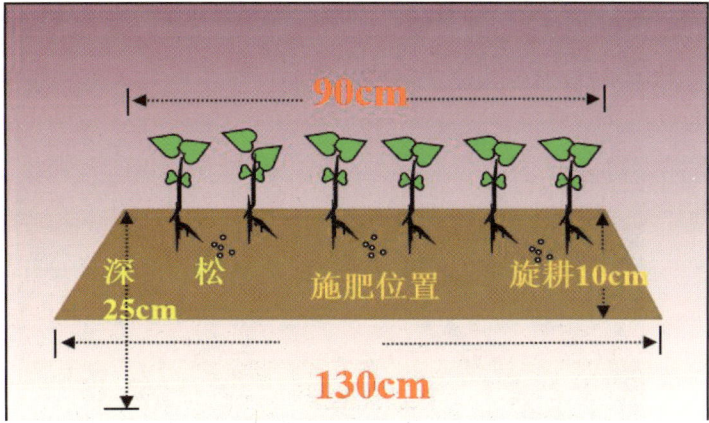

图 4-6 大垄（130 厘米垄上 6 行）窄行密植模式图

图 4-7 大垄（130 厘米垄上 6 行）窄行密植

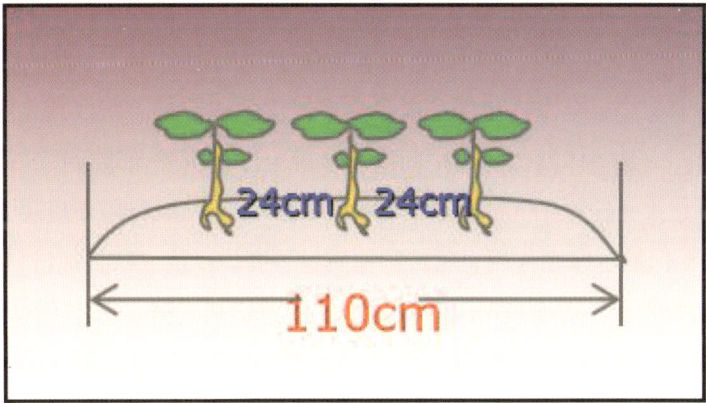

图 4-8 大垄（110 厘米垄上 3 行）窄行密植模式图

图 4-9　大垄（110 厘米垄上 3 行）窄行密植

（1）品种选择：选用成熟期适宜、秆强、抗倒伏、高产、优质、抗逆性强的品种，且品种质量要达到国家良种标准，要求质量一致，籽粒饱满大小均匀，以利于出苗整齐。在大豆孢囊线虫病重发生地区，宜选用抗线品种，因该项技术主要靠群体增产，保苗数应为 40~45 株/平方米左右。

（2）种子处理：种子质量好坏直接关系到大豆能否苗全、苗齐、苗壮，播种前必须进行人工或机械选种，选用粒大、饱满、没有病虫害和杂质的种子作良种。机械和人工粒选应剔除病斑粒、虫食粒、破损粒及杂质，使种子质量达到以下标准：纯度不低于 98%，净度不低于 98%，发芽率高于 85%，含水量不高于 13%。做好种子包衣，播种前可用大豆种衣剂按药种比 1 :（75~100）包衣，防治地下害虫和根腐病等病虫害。推广微肥拌种，未包衣处理的种子，可选用钼酸铵 2~4 克、硼砂 1~3 克拌 1 千克种子，溶解后进行拌种。

（3）整地：大豆大垄窄行密植栽培时若垄体中间出现欠沟，中间苗带播在欠沟里，则其生存空间处于劣势，会出现苗欺苗现象，将严重影响产量。所以在生产过程中，整地要做到以下几点：一是垄体要饱满，中间隆起，避免出现苗欺苗现象；二是进行深松，采取浅翻深松整地方式，翻深 18~20 厘米，耕深 30~35 厘米，以打破犁底层，改善土壤物理性状，增强抗旱、保墒、保肥作用；三是整地质量要高，以伏、秋整地最佳，避免春整地。垄体底部宽 130 厘米，上宽 90 厘米，台高 15 厘米，达到"暄、平、碎"。"暄"即土壤疏松；"平"即土地平整，要求 10m 幅宽高差不超过 3 厘米；"碎"即土壤细碎，以保证播种质量、苗全苗齐，达到提高封闭除草的效果。

（4）施肥：窄行密植要实现高产，必需增加肥料的投入并合理施用。一般中等肥力地块施用商品肥 300 千克/公顷，其中磷酸二氢铵 180 千克/公顷、尿素 40 千克/公顷、钾肥 80 千克/公顷；或施复合肥 350 千克/公顷，可选用复合型专用肥，其氮、磷、钾含量分别为 10%、20%、15%。施肥方法：一是施足底肥，结合秋整地，施腐熟好的优质有机肥 30 立方米/公顷。二是化肥作底肥时要深施，深度达到种下 14~16 厘米，用量占化肥总施用量的 60%~70%，可在秋季整地时或在春季播种时施入。三是采用分层深施肥技术，第 1 层将化肥总施用量的 30%~40%施到种子侧下方 5~7 厘米处；第 2 层将化肥总用量的 60%-70% 深施到种下 12~14 厘米处；四是进行叶面喷肥，在大豆生育期内喷施叶面肥 2~3 次，第 1 次在大豆分枝期，以钼酸铵、生根粉（或生根宝）为主；第 2 次在大豆初花期，以磷酸二氢钾、喷施宝、硼肥等为主；第 3 次在大豆盛花到结荚期，主要喷施磷酸二氢钾、腐殖酸或黄腐酸类肥料。

（5）科学管理水分：大豆生育特点使其对旱涝灾害都比较敏感，花荚期旱时要灌水，涝时要及时排水。花荚鼓粒期是大豆生育最旺盛、营养生长和生殖生长交错进行的时期，对水的需求敏感而强烈，干旱会导致花荚大量脱落，造成严重减产。花荚期田间持水量应达到 80%，鼓粒期田间持水量不低于 70%，遇旱及时浇水，可以保证较高的籽粒产量。在防旱的同时也要注意排涝，尤其是大雨后应及时排除田间积水，防止积水过久伤根。

（6）化控与化除：大豆的生育前期若出现营养过剩，喷施生长调节剂，调节营养生长和生殖生长失调状况，可减少花荚脱落。对 8~9 月盛花期长势过盛的大豆，特别是降雨后，及时用多效唑等控制营养生长，防止落花、落荚。一般使用 15%多效唑 600 克/公顷兑水 600~750 千克喷雾。为防止大豆田间杂草，可在播种后苗前，用 50%乙草胺乳油 375~1125 毫升/公顷兑水 675 千克进行土壤封闭处理，使用乙草胺要根据墒情严格控制药量和用水量。如未喷洒封闭除草剂，也可于杂草出土后进行茎叶处理，于大豆二至四片复叶期、杂草三叶期用 10.8%高效盖草能 900 毫升/公顷或 8.8%草威特 525 毫升/公顷，兑水 600 千克喷雾防除单子叶杂草。

（7）病虫害防治：虫害主要有蚜虫、玉米螟、食心虫、豆荚螟等；病害主要有霜霉病、锈病、灰斑病，一旦发生，要及时防治。苗期用 10%蚜虱净 300 克/公顷或 50%抗蚜威 9~120 克/公顷或 10%吡虫啉 300 克/公顷兑水 450~600 千克/公顷喷雾防治蚜虫；初花期，用 20%病毒 A 1500 克/公顷加 50%托布津或代森锌 1500 克/公顷兑水 600~750 千克/公顷喷雾防治锈病、枯萎病、叶斑病、病毒病；盛花期用 20%氰戊菊酯乳油 300~600 毫升/公顷兑水 600~750 千克/公顷，防治大豆食心虫和豆荚螟；花荚期用 50%氯氰菊酯 1200 毫升/公顷，或 40%辛硫磷 750 毫升/公顷兑水 600~750 千克/公顷防治大豆卷叶螟、斜纹夜蛾和蚜虫。

（8）适时收获：人工收获在落叶达 90%时进行；机械收获在叶片全部落净、豆粒归圆时进行，要求割茬低不留荚，综合损失率不超过 2%，清洁率大于 95%。为减少损失，宜在早晨带露水时收获，此时收割损失率小于 1%，脱粒损失率小于 2%，泥花脸率小于 5%。

2.小垄窄行密植

大豆小垄窄行密植栽培技术，是将美国的平作窄行密植栽培技术嫁接到我国固有的垄作基础上，形成的一种大豆栽培新技术。其特点是在垄距45厘米的小垄上采用矮秆品种，通过缩小行距、增大株距、增加单位面积上的株数，从而实现个体与群体的合理配置，增大绿色面积，改善植株的受光条件，充分利用阳光和地力，提高光能利用率，从而达到高产。

大豆小垄窄行密植栽培技术要点如下：

（1）品种选择种子处理：选择秆强不倒伏、抗病、丰产、适于密植的矮秆、半矮秆品种。种子播前要进行精选。用大豆选种机或人工粒选，剔除病斑粒、虫食粒及杂质，达到种子分级标准二级良种以上。种子包衣，播种前用大豆种衣剂包衣或拌种，用于防治大豆病虫害。

（2）精细整地：选地与选茬要选择地势平坦、耕层深厚、土壤肥力较高、经过伏秋翻或耙茬深松整地的地块，前茬以玉米、马铃薯、小麦为主，不重茬、不迎茬。合理耕翻、精细整地能熟化土壤，蓄水保墒，并能消灭杂草和减轻病虫害，是大豆苗全苗壮的基础。窄行密植对土壤层要求更加严格，平作窄行密植，在生育期间不进行铲趟、增温、防旱、抗涝等能力减弱，因而要求有一个良好的土壤耕层条件，要达到耕层深厚、地表平整、土壤细碎。

（3）施肥要点：一是增施农肥。中等肥力地块公顷施用量22.5吨以上，化肥要氮磷钾搭配，施用量要比常规垄作增加15%以上，有条件的要进行测土配方施肥。其次农肥和化肥必须做到深施或分层施，大豆在初花期每公顷用尿素10千克加磷酸二氢钾1.5千克，溶于500千克水中进行喷施，未施用微肥做种肥或没有微肥拌种的地块可加入微肥喷施。

（4）适时播种：

①种植方式：采用清种或大比例间种。

②播期当耕层温度稳定通过8℃即可播种，黑龙江省适宜播种日期：中南部地区4月25日~5月10日，北部和东部地区5月5~15日。

③合理密植：一般比常规垄作增加25%至30%，每公顷种植密度45万株左右。

（5）田间管理：

①中耕除草：当大豆拱土时，进行铲前深松或蹚一犁。出苗后及时铲趟，做到两铲三趟，铲趟伤苗率小于3%。后期拔净大草。

②灌水：根据旱情和生长发育需水规律，要因地制宜进行灌水。

③促控结合：大豆前期若长势较弱时，在初花期每公顷用尿素10千克加磷酸二氢钾1.5~2.5千克溶于500千克水中喷施，并根据需要加入硼、钼等微量元素肥料。若植株生长

旺盛，在初花期选用多效唑、三碘苯甲酸等化控剂进行调控，控制大豆徒长，防止后期倒伏。

④化学除草：根据杂草种类，采用播后苗前土壤封闭处理或茎叶处理。

（6）病虫害防治：一是苗期如蚜虫、红蜘蛛、蓟马等较多时，可用乐果或氧化乐果加适量水叶喷。二是防治灰霉病。三是防治食心虫。

（7）适时收获：人工收获，落叶达90%时进行，机械联合收割，叶片全部落净、豆粒归圆时进行。

3.平作窄行密植模式

"平作窄行密植"栽培法是在平翻或耙茬的耕作基础上，进行窄行条播、平播平管、一平到底的栽培模式，见图4-10、图4-11。

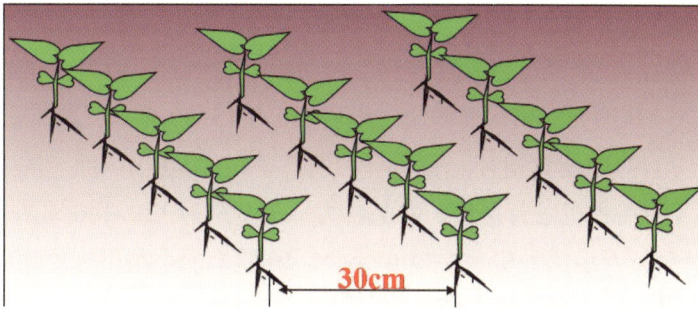

图4-10　大豆平作窄行（30厘米）密植模式图

图 4-11　大豆平作窄行密植

（1）品种选择与种子处理：按照当地生态类型，因地制宜地选择适宜、高产、秆强抗倒伏、抗逆性强的品种。种子播前要进行清选，达到种子分级标准二级以上。可根据病虫害种类和土壤条件，选择适合的种衣剂进行种子包衣，以防治根腐病、大豆孢囊线虫、根疽等病虫害。

（2）选地与整地：地块选择不重茬、不迎茬，前茬以麦类作物为好。大豆窄行密植要进行深松，打破犁底层，深松深度 22~30 厘米，要求深浅一致。大垄窄行密植和小垄窄行密植均应在秋整地基础上起垄，大垄窄行密植可用做台机起 90~140 厘米的大垄，垄高 5~18 厘米；小垄窄行密植可用普通起垄犁起 45~50 厘米的小垄，起垄后进行镇压，达到播种状态。

（3）平衡施肥：实行平衡施肥。一般中等肥力地块，每公顷施磷酸二铵 200 千克、尿素 100 千克、硫酸钾 75 千克。化肥作种肥要深施于种下 4~5 厘米处，或分层深施于种下 7 厘米和 14 厘米处。切忌种肥同位，以免烧种。

（4）精量播种：平作窄行密植可采用 24 行播种机，行距 30 厘米的也可采用华丰农机厂生产的 2BKM-1B 型大豆窄行播种机。播种行距为 15~30 厘米，播种深度镇压后为 3~5 厘米。机械垄上分行等距精量播种。三垄合为两垄垄距为 90~105 厘米的大垄，用海伦农机厂生产的垄上 4 行播种机进行播种；两垄合为一垄垄距为 120~140 厘米的大垄，用桦川 2BKM-1B 型大垄窄行专用播种机垄上播 6 行；45~50 厘米的小垄可在原型机上进行适当调整，垄上 2 行。根据目前生产推广的品种，以平作窄行密植每公顷 45 万株、大垄窄行密植和小垄窄行密植每公顷 40 万株为宜。播种均匀，播深一致，无断条，无漏种。

（5）田间管理：

①化学除草：平作窄行密植化学除草主要采取秋季土壤处理（秋施药）、播前土壤处理与播后苗前土壤处理。秋施药可结合秋施肥来进行，秋施药可根据杂草种类选择卫农、乙草胺、赛克津、都尔等除草剂。播前土壤处理，使土壤形成 5~7 厘米药层，平作大豆应用效果较好。大豆播前土壤处理可根据杂草种类选用卫农、乙草胺与赛克津、广灭灵混入土壤。播后苗前土壤处理，主要控制一年生杂草，可根据杂草种类选用乙草胺、都尔与广灭灵、赛克津等混用，如混用丁酯可同时消灭已出土的杂草，药效受降雨影响较大。大垄窄行密植和小垄窄行密植主要采取播后苗前土壤处理，在播后 3~5 天用豆乙合剂、广灭灵加适量水喷雾。土壤处理效果不好时可采用苗后茎叶处理，在禾本科杂草 3~4 叶期，用 15%精稳杀得或 5%精禾草克等，公顷用量 750~1000 毫升兑水喷雾；阔叶杂草 1~3 叶期，用 25%虎威水剂或 21.4%杂草焚水剂等，公顷用量 1000 毫升兑水喷雾。

② 中耕：平作窄行密植不进行中耕，平播、平管、一平到底。大垄窄行密植和小垄窄行密植栽培要进行中耕，当大豆拱土时进行铲前深松或深稍一犁，生育期间中耕 2~3 次，播后苗前除草效果不好的可用旋转锄或人工铲除杂草，后期拔净大草。

③喷施化控剂：在大豆初花期至盛花期如生长过旺，可用效果好、成本低的化控剂如

多效唑等喷雾，可保花、保荚、防止倒伏 。

④防治病虫害：

a.蚜虫和红蜘蛛。可用 40%乐果乳油或 40%氧化乐果乳油防治， 每公顷用量 1.5L 加适量水叶喷。

b.食心虫。根据虫情测报，在防治适期内用 80%敌敌畏乳油，每公顷用量 1.5~2.0L，制成毒杆熏蒸。

c.灰斑病。在大豆花荚盛期，当叶片有 30%以上出现病斑时，用 50%多菌灵可湿性粉剂或 40%多菌灵胶悬剂，每公顷用量 1.5 千克兑水 450 千克喷施。

（6）收获：叶片全部落净，豆粒归圆时进行适时收获。机械联合收割，割茬高度以不留底荚为准，综合损失率小于 3%，收割损失率小于 1%，脱粒损失率小于 2%；破碎率小于 5%，清洁率大于 95 %。人工收割，以割茬低，不留底荚，收割损失率小于 2 %为宜。脱粒后进行机械清粮，产品质量符合国家大豆收购质量标准三等以上。

二、高蛋白大豆"大垄"轻简技术

黑龙江省农业科学院大豆研究所针对高蛋白大豆生产特点，在原有"大垄密植"基础上增加了保质增效的技术元素，创建了高蛋白大豆"大垄"轻简技术模式，该技术适合规模化程度较高的农场或合作社应用。主要技术要点如下：

1.耕作方式与种植密度

少耕整地，秋起 110 厘米或 130 厘米大垄，垄高 20 厘米，垄上 3~4 行，黑农 84、黑农 88 等高蛋白品种公顷保苗可 26 万~28 万株，垄上 3 行种植时中间行密度需较边行减少20%。

2.施肥

采用立体平衡施肥，结合测土配方施肥，氮磷钾及微量元素合理搭配，高蛋白品种底肥氮磷钾比例以 1：1.7：1.5 为宜，上层用量 40%，下层占 60%。花荚期喷施叶面肥 2~3 次，适量添加钼、硼微肥，提升大豆蛋白质含量。

3.减少中耕

保证第一次深松 25~30 厘米，可免去第二次（或第三次）中耕。

4.化学除草

采用苗前封闭或苗后茎叶除草。

5.绿色防控

用精甲·咯菌腈悬浮种衣剂+噻虫嗪进行种子包衣；8 月 10 日左右，用高效氯氟氰菊酯或 Bt 类生物农药无人机飞防大豆食心虫。

第三节　"大垄"绿色生产技术

一、大垄密植技术基础

大豆大垄窄行密植栽培技术选用适宜的秆强、少分枝的大豆品种，适时增加密度来增加产量，大豆大垄窄行密植栽培技术是目前黑龙江省东部和北部区最主要的大豆栽培技术模式。

1.选择适宜品种

大豆窄行密植由于行距缩小，密度增大，要求尽可能选用矮秆、秆强的品种。

2.合理耕翻、精细整地

合理耕翻、精细整地可以熟化土壤蓄水保墒，改善土壤理化性状，同时可以消灭杂草、减轻病虫危害，是大豆苗全苗壮的基础，也是大豆增产的根本措施之一。对大豆窄行密植地块，要求每年秋整地，耕翻深度为 18~20 厘米，耕茬深度为 12~15 厘米，深松深度 25 厘米以上，达待播状态。

3.确定密度，适时播种

当土壤温度稳定通过 8 ℃时就开始机械播种，秋起 110 厘米或 130 厘米大垄，垄上 4 行时，1~2、3~4 行间距 10~12 厘米，2~3 行间距 24 厘米；垄上 3 行时的，行距在 22.5~25 厘米，中间一行比边行降密 1/4~1/3。根据生态区条件和品种特生来确定种植密度，每公顷保苗数为 25 万~35 万株。

4.测土配方合理施肥

采用秋季分层施肥。经验施肥一般氮、磷、钾可按 1∶（1.15~1.5）∶（0.5~0.8）的比例。种肥要做到分层侧深施，上层施于种下 5~7 厘米处，施肥量占总施肥量的 1/3。下层施于种下 10~12 厘米处，肥量占总施肥量的 2/3（积温较低的冷凉地区，适当减少下层施肥比例）。肥料商品量每公顷尿素为 50~80 千克、二铵为 100~180 千克、钾肥 60~100 千克。氮、磷肥充足条件下应注意增加钾肥的用量。

叶面追肥：叶面肥一般喷施 2~3 次，分别在大豆初花期、结荚始期和鼓粒始期。初花期、结荚始期可施用尿素，结荚始期和鼓粒始期可喷施磷酸二氢钾，用量一般每公顷用尿素 3~5 千克、磷酸二氢钾 2~3.0 千克，如有条件可配合施腐殖酸类、氨基酸类叶面肥。

5.注意事项

一适于选择秆强的高蛋白品种；二要控制密度；三要控制好氮肥施用量，要多施钾肥少施氮肥以免大豆徒长，出现倒伏。

二、"大垄"绿色生产技术

"大垄"绿色生产技术是在"大垄"轻简技术模式的基础上实施的减肥、减药绿色防控等综合技术，该模式适合较高肥力，规模化程度较高的农场或合作社应用，见图4-12。

1.免施底肥

当土壤有机质含量≥4%，前茬玉米有效施肥量≥700千克/公顷，可免施底肥。

2.少耕整地

秋起110厘米或130厘米大垄，垄上3~4行，密度26万~28万株，在初花期、结荚期、鼓粒期根据大豆长势3次喷施叶面肥，以氨基酸水溶肥+磷酸二氢钾为主，高蛋白大豆品种适量加喷钼、锰微肥，来提高蛋白质含量；高油品种适量加喷硼肥叶面肥，提高脂肪含量。

3.化学除草

采用苗前封闭或苗后茎叶除草。

4.绿色防控

用精甲·咯菌腈悬浮种衣剂+噻虫嗪进行种子包衣；8月10日左右，用高效氯氟氰菊酯或Bt类生物农药无人机飞防大豆食心虫。

图 4-12　高蛋白大豆"大垄"轻简技术模式示范田

第五章　寒地高蛋白大豆品种与技术的应用

作者团队在近40年的育种实践中选育和推广了黑农号高蛋白品种20余个，在不同历史时期为国家食用大豆供给和大豆产业发展做出了巨大贡献，现就几个标志性品种与技术的推广应用做简要介绍，为高蛋白育种者、生产者和企业、推广人员提供参考。

第一节　寒地高蛋白大豆品种技术应用案例

一、黑农48的应用

1.品种资源应用

黑农48是由黑龙江省农业科学大豆研究所杜维广研究员利用有性杂交创制的变异群体，采用高光效育种方法选育而成，品种聚合了国内外30余个亲本资源的优势，具有高蛋白、高产、抗病、广适性的特点。黑农48具有较强的配合力，蛋白质性状遗传稳定，已被多家育种单位作为亲本资源应用。据不完全统计，目前由黑农48做亲本育成的品种有37个（表5-1），"黑农号"高蛋白品种中有15个含有黑农48血缘，占"黑农号"高蛋白品种审定数的80%以上。黑农48的衍生品种同样具备高蛋白、高产、广适性的优势，最高的蛋白含量已达到47.31%，这些品种目前已成为黑龙江省不同生态区主推的高蛋白品种。黑农48的选育与应用，拓宽了东北大豆的遗传基础，解决了寒地高蛋白品种资源缺乏、高蛋白育种难突破的"卡脖子"问题，为寒地大豆蛋白质的遗传改良做出了巨大贡献。

2.品种生产应用

黑农48自2004年审定以来，以其高蛋白、高产、稳产、广适性的特点一直备受生产者的青睐，推广面积增长迅速，应用范围由黑龙江省第二、三积温带推广至吉林、辽宁、新疆、内蒙古、河北等地，并在吉林、新疆的部分地区通过认定。黑农48在适应区平均亩产超过180千克，平均蛋白质含量超过42%，在2010~2021年连续12年被黑龙江省列为第二积温带大豆主推品种，2009~2020年连续12年被农业部列为东北地区大豆的主导品种，目前累计推广面积超过 5000 万亩，增产大豆 8 亿千克，净增社会效益 39.2 亿元。

2017 年 10 月 5 日，黑龙江省农业科学院大豆研究所组织相关专家对绥化市北林区太平川镇团结村的 300 亩黑农 48 示范区进行实收测产，平均亩产达到 251.1 千克/亩，蛋白质含量为 43.48%。2018 年 10 月 2 日，黑龙江省农业科学院大豆研究所组织有关专家对友谊农场第一管理区黑农 48 的 900 亩示范田进行实收测产，平均产量达到 210.5 千克，蛋白质含量为 42.38%，见表 5-2，获得了蛋白、产量双丰收。目前黑农 48 已成为东北大豆产区推广年限最长、应用范围最广、推广面积最大的高蛋白品种。

表 5-1 黑农 48 做亲本育成的品种明细

序 号	品 种	亲 本
1	黑农 81	黑农 48 ×黑农 51
2	黑农 82	黑农 48×（黑农 51×哈 04-4507）F1
3	黑农 86	黑农 48×（黑农 35×绥 98-6227-7）F1
4	黑农 88	黑农 48×60Co-γ 射线 120Gy 处理（黑农 48×晋豆 23 ）F1
5	黑农 91	黑农 48×（黑农 48×郑 90092-48 ）F1
7	黑农 92	黑农 48×60Co-γ[（黑农 48×五星 4）F1]
8	黑农 98	黑农 48×（黑农 48×五星 4）F1
9	黑农 100	黑农 48/中黄 42
10	黑农 307	黑农 48/绥 07-703
11	黑农 310	黑农 48/（黑农 48×豫豆 12）BC2F1
12	中龙 102	黑农 64×[黑农 48×（黑农 51×科新 3 ）]F1
13	中龙 608	60Co-γ 射线 120Gy 处理（黑农 48×晋豆 23）F1
14	黑农 504	黑农 48/绥 10
15	黑农 511	黑农 48×黑农 C5
16	黑农 521	黑农 48×（黑农 35×哈 5124 ）F1
17	中龙豆 106	黑农 48×（黑农 48×五星 4 号）BC2F1
18	绥农 81	绥农 31×（绥 07-104×黑农 48 ）F1
19	绥农 94	黑农 48×（绥 07-1186×垦丰 18 ）F1
20	牡试 6 号	黑农 48×龙品 8807
21	牡豆 9 号	（黑农 48×绥 04-5474）F1×黑农 48
22	牡豆 10 号	黑农 48×黑河 46
23	牡豆 15	黑农 48×龙品 8807
24	龙豆 6 号	黑农 48×龙品 09-487
25	龙垦 316	北豆 22×黑农 48
26	龙垦 439	黑农 48×海 5046
27	东生 77	（黑农 48×垦鉴 35）F2×垦鉴 35
28	东生 78	黑农 48×黑河 46

续表

续表

序 号	品 种	亲　　本
29	东生 83	东农 53×{黑农 51×[（黑农 48×黑农 40 ）×黑农 48]}F1
30	东农豆 251	[东农 05-94×（东农 42×东农 593）]F1×黑农 48
31	东农豆 252	[东农 05-189×（东农 42×东农 97-712）]F1×黑农 48
32	东农豆 253	东农 05－189×黑农 48
33	先豆 1 号	黑农 48×先豆 12-518
34	桦豆 2	黑农 51×黑农 48
35	田农 11	黑农 48×绥农 26
36	裕农 2 号	绥农 10×黑农 48
37	东庆 9 号	（垦丰 14×垦丰 15）F1×（黑农 48×垦丰 19）F1

表 5-2　2015-2021 年黑农 48 部分示范区产量

示范地点	栽培方式	示范面积（公顷）	产量结果（千克/公顷）	蛋白质含量（％）
曙光农场	垄三栽培	150	2650	42.68
萝 北	垄三栽培	50	3734	42.60
友 谊	大垄密植	50	2700	42.13
依 兰	垄三栽培	200.7	2950	42.32
宏克力	垄三栽培	125	3500	43.17
绥化北林	垄三栽培	100	3750	43.48
前锋农场	大垄密植	88.8	2530	40.94
军川农场	大垄密植	236	3100	41.36
吉林农安	垄三栽培	637	2800	44.32
阿荣旗	大垄密植	400	3460	41.18
852 农场	垄三栽培	233	2886	41.78
富 锦	垄三栽培	200	2750	42.02
友谊农场	大垄密植	60	3157.5	42.38
依兰农场	垄三栽培	500	3026	42.69
肇东东发	垄三栽培	40	3775	44.28
吉林敦化	垄三栽培	30	3158	44.63
合 计		3100.5		
平 均			3120.4	42.62

二、黑农 84 的应用

1.品种资源应用

黑农 84 是黑龙江省农业科学院大豆研究所利用分子标记辅助选择与常规育种相结合

的方法，聚合了多个抗病毒病、抗灰斑病、抗孢囊线虫病、高产、优质等优异亲本资源的优势基因创制的品种，具有高蛋白、高产、多抗、广适性的特点。黑农84也具有较强的配合力，后代综合性状表现良好，已被多家育种单位作为亲本资源引用，据不完全统计，目前由黑农84衍生的品种（系）有10个，见表5-3，黑农84的选育与应用，拓宽了东北大豆的遗传基础，解决了寒地多抗优质高产大豆资源缺乏、多基因聚合育种难突破的"卡脖子"问题，为寒地大豆抗性与品质的遗传改良做出了巨大贡献。

表 5-3　黑农 84 的衍生品种（系）

序　号	品　种	亲　本
1	黑农毛豆 4 号	黑农 84×中科毛豆 1 号
2	黑农 312	黑农 84×绥农 52
3	黑农 102	黑农 84×F1（黑农 83×龙达 1）
4	黑农 104	黑农 84×（垦豆 32×东农 61）
5	黑农 108	黑农 84×克交 11–1333
6	黑农 111	黑农 84×[黑河 44×垦豆 22]
7	黑农 113	黑农 84×鹏豆 158
8	黑农 329	黑农 84×绥农 52
9	黑农 331	黑农 84×克交 11–1333
10	黑农 334	黑农 84×绥农 52

2.品种生产应用

黑农84自2017年审定以来，在生产上表现为高产、稳产、优质、抗病和广适性，迅速获得生产者的关注与选择，推广面积呈几何速度增长，现已遍及黑龙江省第一、二、三积温带的54个县，并推广至吉林、辽宁、内蒙古、新疆、河北、陕西等12个省。近三年示范区面积5万余亩，平均亩产237.2千克，蛋白质含量42.34%，最高亩产290.7千克，见表5-4。目前黑农84已成为黑龙江省近三年推广面积第二大品种，第二积温带推广面积第一大主推品种，并已跻身成为全国推广面积前5位的大品种。在东北产区，有许多黑农84与配套技术应用获得产量和蛋白同步提高的典型案例。

2019年，双城区胜丰镇诚乐村邻熟合作社种了3000多亩"黑农"大豆，采用与品种配套的"垄三"增效技术，10月9日，对合作社长韩明凯来说，是一个"见证奇迹的时刻"。那天，他跟村民们一道载歌载舞，庆祝黑农84大丰收。"这是我第一次种大豆，但是天公不做美，一直下雨，从8月17日到9月17日，大豆在水里泡了整整一个月。我担心这块地1500多亩的大豆会颗粒无收，没想到水退后，曾经歪倒的大豆又挺起来了，收成保住了，专家来测产，亩产打了240多千克，多亏省农科院大豆所的栾老师给我送来的好品种！"

2021年，大豆所育种团队为木兰县宝盈大豆种植合作社制定了6万亩地的轮作种植规划，从大豆品种选择、特色种植、种子繁育、田间管理到生产标准蛋白大豆提供香其酱原料等做了全面布局，并全程跟踪指导，解决了生产中出现的各类问题，让"宝赢"大豆真正实现了良田、良种、良法结合，标准化、规模化、机械化、科学化生产，合作社获得了大豆产量和效益双丰收。董事长张宪武兴奋地对记者说，今年合作社种的1万多亩"黑农"高蛋白大豆，虽然在鼓粒期遇到了干旱，但大豆平均亩产230千克，黑农84的产量超过了250千克，比以前种的品种亩平均增产40~50千克，蛋白含量达到了42%，仅种植这块就为合作社增加240多万元，还给种业繁殖种子170多吨，并给签约的"香其"公司提供了1800吨原料，每亩增收了45元，给合作社增加了100多万元的收益。今年虽然大旱，但合作社在大豆这块就多收入了350万元，如图5-1。

2022年，黑农84在内蒙古的扎赉特旗示范面积为200亩，采用配套的大垄栽培技术，经专家实收测产平均亩产303.5千克，创造了内蒙古旱作条件下大豆产量的最高记录。

图5-1 高蛋白品种测产情况

表5-4 近三年黑农84部分示范区的产量与品质结果

年份	示范地点	栽培方式	密度（万株/公顷）	示范面积（亩）	亩产量（千克）	蛋白含量（%）
2020	五常石振民家庭农场	"垄三"栽培	24	1500	249.60	43.00
	巴彦西集	"垄三"栽培	24	5000	208.70	42.33
	友谊县	1.3m垄3行	26	3000	225.60	43.40
	阿城区向阳乡	"垄三"栽培	24	3350	204.30	41.50
	建三江七星农场	1.3m垄3行	27	2200	208.40	43.00
	绥化北林区太平川镇	"垄三"栽培	24	500	237.50	42.80
	依兰农场	"垄三"栽培	26	1000	221.70	43.60

年份	示范地点	栽培方式	密度 （万株/公顷）	示范面积 （亩）	亩产量 （千克）	蛋白含量 （%）
2021	哈尔滨民主乡	"垄三"栽培	26	1500	278.50	43.80
	哈尔滨盛图圆合作社	"垄三"栽培	24	2300	237.80	43.20
	木兰宝赢合作社	"垄三"栽培	25	8200	236.50	42.80
	友谊农场	1.3m 垄 3 行	26	3000	223.80	42.20
	八五二农场	1.1m 大垄 3 行	28	1500	221.10	41.50
	建三江七星农场	1.3m 垄 3 行	26	3000	233.60	42.35
	肇东东发	"垄三"栽培	24	1500	237.00	41.90
	八五五农场	1.3m 大垄 3 行	26	1500	240.70	41.28
	查哈阳农场	1.3m 大垄 3 行	26	900	243.20	40.55
	佳木斯桦川	"垄三"栽培	23.5	1100	248.90	41.35
2022	木兰宝赢合作社	1.3m 大垄 3 行	28	5800	238.50	42.66
	八五五农场	垄三"垄三"栽培	27	1000	239.70	42.18
	勃利县恒山合作社	1.3m 大垄 3 行	26	3240	238.90	41.77
	建三江七星农场	1.3m 大垄 3 行	26	3000	242.30	41.56
	友谊农场	1.3m 大垄 3 行	28	1200	233.80	42.56
	五常石振民家庭农场	"垄三"栽培	24	500	247.60	42.80
	哈尔滨市民主园区	"垄三"栽培	24	300	290.70	42.12
合计	23 个点			56090		
平均					237.2	42.34

第二节　寒地高蛋白大豆品种推广模式

黑龙江省农业科学院大豆研究所在近 20 年实施品种生产经营权转让，借助企业及推广部门的力量进行品种推广的实践中，总结凝练出适合东北地区高蛋白大豆的转化与推广模式，促进了科技成果快速转化为生产力，推动了龙江高蛋白大豆生产及大豆产业的发展。

一、实施"2+1+2+N"的推广模式，加速科技成果转化应用

黑龙江省农业科学院大豆研究所创新性地采取"政府搭台布局、科技创新引领、国企民企发力、经营主体联动"的"2+1+2+N"推广模式，实现了政、产、研，育、繁、推各环节的有效衔接，产生了叠加效应，加速了高蛋白品种与配套技术等科技成果的转化应用，推动了大豆产能的提升，助力了产业高效发展。

（一）政府搭台布局，加快成果推广

（1）黑龙江省农业农村厅围绕国家稳定粮食安全、应对中美经贸摩擦，促进我国大豆生产恢复发展，提升国产大豆自给水平的发展战略，积极推动落实《全国种植业结构调整规划》《大豆优势区域布局规划》《关于促进大豆生产发展的指导意见》《大豆振兴计划实施方案》和2022年中央1号文件提出的大力实施"大豆和油料产能提升工程"，从政策、科技、生产等方面科学谋划布局，充分发挥龙江大豆的支撑作用，实施优化大豆生产、轮作补贴政策扩大面积，平衡作物种植收益，调动种植大豆的积极性，并按生产与消费需求进行不同生态区的品种区划。黑农48已连续12年被推介为第二积温带大豆主推品种，黑农84已连续四年作为黑龙江省第二积温带主推品种，成立了由主管厅长为组长、生产处牵头，黑龙江省农业推广总站及各相关市县农业农村局（推广中心）和黑龙江省大豆产业协同创新推广体系专家为成员的跟踪落实保障体系；成立了由黑龙江省农业科学院科研院长为组长、育成单位领导为副组长、相关育种团队成员为专家的技术服务体系。

（2）黑龙江省科技厅以"科技特派员""三区人才""黑龙江省"百千万"工程""省应用技术研究与开发计划"等项目助力科技成果，在黑龙江省大豆主产区推广应用。黑龙江省科技厅成立了由主管厅长为组长、农村处牵头，黑龙江省农业科学院推广处、大豆创新体系为成员的科技助农服务体系。

"黑农"高蛋白、高油品种的推广应用，得到了黑龙江省委省政府的高度关注和特别支持。2018年11月至2019年5月间，时任黑龙江省委书记的张庆伟和副省长王永康先后到黑龙江省农业科学院调研，对黑农84、黑农87、黑农88等品种给予了充分肯定，并责成相关部门助力品种推广应用，使优质品种丰产高效技术示范与推广收到了良好效果。

通过政府搭台布局，中央电视台经济半小时、聚焦三农及黑龙江省电视台新闻联播、三农最前线、甜妮时间，新华社、新华网、央广网、东北网、中央科技新闻网、学习强国、科技日报、经济日报等国家主流媒体给予宣传报道，黑农84、黑农87、黑农88连续几年被追为"网红"大豆品种。政府的支持与媒体的助力促进了优质品种成果的推广应用，2019年黑农84获得第二十一届中国科协年会——黑龙江省十项现代农业新技术新成果奖，2022年"优质大豆品种黑农84、黑农87丰产高效栽培技术集成示范与推广"获得2019~2021年度全国农牧渔业丰收一等奖。

（二）科技创新引领，支撑产业发展

以黑农84、黑农87、黑农88等优质品种为核心与配套技术的推广应用，科学规范了从品种的选地、耕整地、播种、施肥、病虫害防治、田间管理到收获等生产环节及品种的田间检验、提纯复壮等种子繁育全过程的技术标准，颠覆了人们"一个模式可以套种所有大豆"的错误认知和种植习惯，提高了农民科学种田的意识和水平，解决了生产标准低、技术到位率低的问题，使黑农84和黑农87等品种的优质、高产、稳产、多抗的潜力得到了充分发挥。2017~2021年由黑龙江省科技厅组织专家对项目的部分核心区与示范区进行了实收测产，如图5-1，结果显示，核心区的黑农84、黑农87五年平均亩产超过250千克，是黑龙江省大豆平均单产的2倍，比当地的主推品种增产50~60千克；黑农84的平均蛋白质含量超过了42%，实现了大豆产量、品质的同步提升，加快了黑农84、黑农87丰产高效栽培技术的示范与推广，黑农84成为目前黑龙江省第二积温带推广面积最大、全国推广面积前五位的大品种，黑农87成为非转基因大豆油加工的首选品种。

（三）国企民企发力，促进成果转化

"黑农"大豆品种优质、高产、稳产的特性，吸引了企业的目光，黑龙江省龙科种业集团有限公司、佳木斯先锋种业有限公司、黑龙江田友种业有限公司、五常方圆农业有限公司主动上门寻求合作，成功地完成了黑农48、黑农84、黑农87、黑农88等生产经营权的转让，育种团队因此获得成果转化直接经济效益1270余万元，转让后仅三年时间种业公司就累计获得黑农84、黑农87的经营纯效益2145万元。黑龙江龙科种业集团成为黑龙江国有种业的龙头，黑龙江田友种业成为民营种业的标杆。企业的联合发力，使黑农48、黑农84、黑农87、黑农88品种与配套技术第一时间进入生产示范应用，加快了科技成果的转化应用，实现了科企合作的共赢。此外，科企合作的成功，再次激发了科研团队的创新斗志，也增强了企业的市场竞争力，有效推进了育繁推一体化进程，更加坚定了"科技创新—成果转化—推广应用—农民增收"的驱动效应。

（四）经营主体联动，放大成果效应

近几年，黑龙江省农业科学院大豆研究所在政府搭台布局、科研创新引领、企业联合发力下，在品种适应区的58个县（乡）建立了83个核心区、示范区和辐射区，示范面积达12.8万亩。以核心区为重点，示范区为引领，带动辐射区，激发合作社、家庭农场、农户等新型经营主体选择种植高蛋白、高产品种的积极性，放大了成果应用效应，品种与技术的推广范围、面积呈几何态势增长，现已遍及黑龙江省第一、二、三积温带的60余个县，并推广至吉林、辽宁、内蒙古、新疆、河北、陕西等12个省，为国家大豆扩增面积、实现大豆产能提升、产业绿色发展、保障粮食安全奠定了重要基础。

图 5-2　高蛋白品种展示情况

二、有效的组织管理形式，推动了成果转化落地

（一）成立转化推进组，保障成果推广

成果推广伊始，大豆所即成立了转化领导小组，负责成果推广的组织实施和条件保障；成立由专家团队和企业、农场、推广部门组成的专家技术组，负责对成果推广过程中方案制定、技术执行、示范推广等工作的培训与指导，确保成果推广实施。

（二）建立推广新机制，畅通推广路径

设立首席专家、课题骨干、农技推广技术人员、公司企业、生产大户的分层组织机制，明确工作任务，定期检查，动态管理，构建了"首席专家—技术员—种子供销商—推广中心—新型经营主体—农户"的成果转化推广应用快速通道，确保了成果落地。

（三）强化科技培训，确保技术到位

根据重要的农时季节，组织专家、科技特派员、三区人才、农技人员开展线上+线下相结合的"五个一"培训模式，即"一本科技手册，一册品种名录、一张技术明白纸、一系列生产技术微视频、一场观摩会"，快速提升了豆农的科技素质与生产技能。近三年来，

通过科技助农在线帮、三农大直播、科技惠农大讲堂、惠农热线、田妮时间、省妇联培训平台、省三区人才、新型农民培训等方式培训 5 万人次，发放技术资料 4000 余册，推送微视频 300 余个，极大提高了豆农的科学种豆水平，有效提高了技术应用的到位率。

图 5-3　高蛋白大豆栽培技术培训

三、示范引领，实现"三增"目标，助力大豆产业绿色发展

（一）示范引领，加速成果应用

以做给农民看、领着农民干、给农民做示范为原则，近三年，育种团队在品种适应区建立高蛋白品种与技术核心区 8 个，示范区 17 个，辐射区 58 个。专家与农户无缝对接，从选地、播种，管理到收获，全程跟踪指导，把核心区和示范区做成种子繁殖田、生产样板田；并采取"三化"即标准化、规模化、机械化生产模式，使区域内大豆生产水平得到整体提升，实现了农民增产、增收，企业增效，加速了成果推广应用。

（二）良种推广，促进产能提升

近三年，黑农 84、黑农 87、黑农 88 等品种经历一年大旱（2021 年部分区域 43 天无有效降雨）、两年洪涝（2019~2020 年）、三场台风（2020 年巴威、海神、美莎克）的重大灾害，表现出秆强、抗倒伏，高蛋白、抗病、抗逆、高产、稳产的最佳性状，增强了农民种豆的信心，品种受到了农民、种业和加工企业的青睐，收到了"一推即广""不推自广"

的最佳效果，为黑龙江省大豆实现扩面增产提供了重要的品种支撑。

（三）良法配套，助力绿色发展

根据黑农 84、黑农 87、黑农 88 对水肥的需求特点，在"垄三""大垄密植"栽培技术上，量身制定并颁布了与品种配套的黑龙江省标准化技术规程四套，即"高蛋白大豆优质高产同步栽培技术规程""高油大豆优质高产栽培技术规程""黑农 87 大豆品种高产优质同步栽培技术规程"和"黑农 87 大豆全程机械化轻简栽培技术规程"，其中立体施肥和绿色防控技术实现了亩节约成本 25.5 元（肥料成本 13.5 元，农药成本 7 元，农事成本 5元）。按三年在黑龙江省累计推广 2208 万亩计算，共节约成本 5.63 亿元。实现了减肥减药、病虫害绿色防控，在降低成本、保障大豆产量的同时还减少了对环境、土壤造成的污染和破坏，有力推动了我省大豆产业的绿色发展，符合国家"扩面、增产、提质、绿色"的大豆振兴目标。

第三节　寒地高蛋白大豆发展对产业安全的作用

大豆起源于中国，是重要的粮油饲兼用作物，至今已有 5000 余年的栽培历史，因蛋白质含量高、氨基酸组成合理，被誉为"田中之肉""豆中之王""绿色的牛奶"。

近年来，随着我国国民经济的发展和居民饮食结构的不断优化，对大豆的需求也在不断增长，大豆供需矛盾日益突出，进口数量不断增加。但由于国产大豆与进口大豆具有鲜明的品质和用途差异，形成了食用、油用两个相对独立的大豆市场，国产大豆主要是以满足中国居民对高质量植物蛋白的需求为主，因此发展食用大豆生产已成为国家的战略目标任务。

黑龙江是我国最大的优质食用大豆生产和供给基地，是国产非转基因大豆、原生态与绿色农产品的重要生产基地，常年大豆种植面积和总产量占全国的 40% 以上，我们肩负着保障国家粮食安全的重任。黑龙江省按照国家《关于促进大豆生产发展的指导意见》全面实施《全国种植业结构调整规划》，完善《大豆优势区域布局规划》，2022 年进一步执行中央一号文件提出的"大力实施大豆产能提升工程"，积极推进"稳粮扩豆"工作，制定了《2022 年黑龙江省扩种大豆工作方案》和《黑龙江省稳粮扩豆行动实施方案》，从引导资金立项，大力推进科技创新：选育高产优质多抗的突破性品种，集成组装高产高效技术模式，到支持发展高蛋白大豆良种良法配套，实现高产优质同步；从强化大豆政策扶持：合理确定目标价格，稳定农民收益预期，引导农民多种大豆，到支持东北地区推行玉米大豆轮作，探索建立用地养地结合的轮作制度；根据资源禀赋、区位优势、产业基础，加快建立东北优质大豆保护区，都已取得了显著效果。

"十三五"以来，高蛋白新品种与配套栽培技术的示范推广应用，实现了核心区大豆平均亩产265.3千克，黑农84平均蛋白质含量达到42%；黑农88平均蛋白质含量达到43%，10万余亩的示范区品种平均亩产235.3千克，比适应区其他主推品种平均（190千克）亩增产23.8%，亩平均增产大豆45.3千克，净增效益249元，实现了农民增收、企业增效、政府增税的目标。近5年高蛋白品种累计推广面积3000万亩，增产大豆13.6亿千克，净增纯效益74.8亿元，为龙江大豆扩面增产，实现产能提升、产业绿色发展、保障国家粮食安全提供了科技支撑。

由于轮作制度的完善，实现了用地养地结合，减少了农药和化肥的施用，有效提高了肥料的利用率，减少了环境污染，实现了生态保护，促进了农业可持续发展和土地的永续利用。

第四节　寒地高蛋白大豆应用前景

大豆是优质的植物蛋白资源，可以代替膳食中的一部分动物性蛋白质，弥补因优质蛋白摄入不足导致的营养不良，而且大豆所含的膳食纤维、异黄酮等成分还具有保健作用。近20年，随着人们生活水平的不断提高，对大豆的需求不仅限于量的增长，还要求品质质量的提高。因此，满足消费者个性化消费需求的特色产品、满足不同层次消费需求的中高端产品如功能性大豆蛋白、大豆膳食纤维等高附加值产品的增加，不仅给大豆加工业带来了新的机遇，也给大豆育种和生产提出了新的目标和挑战。农业部《关于促进大豆生产发展的指导意见》和《大豆振兴计划》明确提出，发展食用大豆生产是适应消费结构升级和促进农业可持续发展的需求；协调大豆生产、消费与居民营养健康三者之间的关系是转变大豆发展方式的必然要求，也是大幅度改善居民营养水平、提高国民整体素质的迫切需要。黑龙江省依照国家"转方式、调结构、绿色发展"的规划，充分利用寒地黑土、冬季自然休耕、病虫害轻的自然优势，大力发展寒地高蛋白大豆生产，力求实现大豆产量、品质的同步提升，保障食用大豆高质量安全供给，近几年大豆面积呈恢复性增长，产能显著提升，以营养健康为重要目标发展高蛋白大豆生产，推动了大豆产业振兴，具有广阔的应用前景。

参考文献

[1] 杨树果. 产业链视角下的中国大豆产业经济研究[D].中国农业大学，2014.

[2] 王绍东，夏正俊.大豆品质生物学与遗传改良[M].北京，科学出版社，2014.

[3] 刘忠堂.2016/2017 年度黑龙江省大豆生产发展之我见[J].大豆科技，2016（06）：1-3.

[4] Fukushima D. Recent progress of soybean protein foods：Chemistry，technology，and nutrition[J]. Food Reviews International，1991，7（3）：323-351.

[5] Maruyama N，Fukuda T，Saka S，et al. Molecular and structural analysis of electrophoretic variants of soybean seed storage proteins[J]. Phytochemistry，2003，64（3）：701-708.

[6] 王尔惠. 大豆蛋白质生产新技术[M]. 北京：中国轻工业出版社，1999：135-141.

[7] PrakK，MaruyamaY，Maruyama N，et al. Design of genetically modified soybean proglycinin A1aB1 bwith multiple copies of bioactive peptide sequences[J]. Peptides，2006，27（6）：1 179-1 186.

[8] Martinez-Villaluenga C，Bringe N A，Berhow M A，et al. β-Conglycinin embeds active peptidesthat inhibit lipid accumulation in 3T3-L1adipocytes in vitro [J]. Journal of Agriculturaland Food Chemistry，2008，56（22）：10 533-10 543.

[9] 徐杰飞，郭泰，王志新，等.大豆常规育种和分子育种相结合的研究进展[J].现代化农业，2021（06）：2-4.

[10] 刘亭萱，郭兵福，栾晓燕，等.大豆蛋白质含量相关位点 qPRO-19-1 的精细定位[J/OL].植物遗传资源学报：1-10[2022-11-20].

[11] 杨硕，武阳春，刘鑫磊，等.大豆蛋白含量主效位点 qPRO-20-1 的精细定位[J/OL].作物学报：1-12[2022-11-20].

[12] 沈春蕾.大豆高蛋白主要控制基因的鉴定和分析获新进展[J].科学观察，2022，17（03）：14.

[13] 王磊，王慧中，藕冉，等.大豆主要贮藏蛋白组分遗传改良研究进展[J].中国油料作物学报，2018，40（04）：608-612.

[14] 田志喜，刘宝辉，杨艳萍，等.我国大豆分子设计育种成果与展望[J].中国科学院院刊，2018，33（09）：915-922.

[15] 张大勇，杨明亮，陈庆山.黑龙江省优质大豆品种选育进展[J].大豆科技，2022（02）：4-8.

[16] Guo B，Sun L，Ren H，et al. Soybean genetic resources contributing to sustainable protein production[J]. Theoretical and Applied Genetics，2022：1-27.

[17] Zhang M，Liu S，Wang Z，et al. Progress in soybean functional genomics over the past decade[J]. Plant Biotechnology Journal，2022，20（2）：256.

[18] Panthee DR，Pantalone VR，Sams CE，et al .Quantitative trait loci con-trolling sulfur containing amino acids，methionine and cysteine，in soybean seeds[J].Theoretical and Applied Genetics，2006a，112（3）：546-553.

[19] Tessari P，Lante A，Mosca G. Essential amino acids：master regulators of nutrition and environmentalfootprint[J]. Scientific Reports，2016，6（1）：1-13.

[20] GrieshopCM，Kadzere CT，Clapper G M，et al. Chemical and nutritional characteristics of United States soybeans and soybean meals[J]. Journal of Agricultural and Food Chemistry，2003，51（26），7684-769.

[21] 刘亭萱，谷勇哲，张之昊，等.基于高密度遗传图谱定位大豆蛋白质含量相关的QTL[J/OL].作物学报：1-11[2022-11-21].

[22] WarringtonCV，Abdel-HaleemH，HytenDL，et al. QTL for seed protein and amino acids in the Benning x Danbaekkong soybean population[J]. Theoretical and Applied Genetics，2015.128（5）：839-850.

[23] Warrington C V，Abdel-Haleem H，Orf J H，et al. Resource allocation for selection of seed protein and amino acids in soybean[J]. Crop Science，2014，54（3）：963-970.

[24] 汪越胜，盖钧镒.中国大豆品种生态区划的修正Ⅱ.各区范围及主要品种类型[J].应用生态学报，2002（01）：71-75.

[25] 房丽敏. 黑龙江大豆食品加工业发展对策研究[D].中国农业科学院，2009.

[26] 江连洲.大豆加工利用现状及发展趋势[J].食品与机械，2000（01）：7-10..

[27] 励慧敏，韩锦华.大豆蛋白和大豆低聚糖在食品加工中的应用[J].食品研究与开发，2008（07）：159-161.

[28] 江连洲. 大豆加工利用现状及发展趋势 [J]. 食品与机械，2000（1）：7-10.

[29] 朱秀清，江连洲，富校轶.国内外大豆加工利用的研究进展（一）[J]. 食品科技，2001（6）：1-3.

[30] 马振云，逯楠.我国大豆精深加工的现状和发展趋势浅析[J].农产品加工，2016（19）：58-60.

[31] 董钻. 关于大豆株型和株型育种的几个问题[J]. 大豆通报，1997，（02）：2-3.

[32] 刘忠松，罗赫容. 现代植物育种学[M]. 北京：科学出版社，2010.

[33] 钟开珍，梁江，韦清源，等.大豆种质倒伏性遗传及其与主要农艺性状的相关分析[J]. 大豆科学，2012，31（05）：703-706.

[34] 王彬如. 黑龙江省大豆育种工作三十年[J]. 黑龙江农业科学，1984（01）：1-7.

[35] 孟祥勋，胡明祥，李爱萍，等.大豆籽粒蛋白质含量早世代选择效果及其对产量和脂肪含量的影响[J]. 大豆科学，1991（03）：179-186.

[36] 杜维广，盖钧镒. 大豆超高产育种研究进展的讨论[J].土壤与作物，2014（3）：81-92.

[37] 杜艳. 碳离子束辐射拟南芥突变体筛选及诱变效应研究[D]. 北京：中国科学院大学，2015.

[38] 谷秀芝，翁秀英. 大豆辐射与杂交相结合后代选择方法的研究[J]. 核农学通报，1990（06）：254-258.

[39] 李多芳，曹天光，耿金鹏，等. 电离辐射致植物诱变效应的损伤-修复模型[J]. 物理学报，2015，64（24）：415-422.

[40] 刘录祥，郭会君，赵林姝，等.植物诱发突变技术育种研究现状与展望[J]. 核农学报，2009，23（06）：1001-1007.

[41] 邱丽娟，李英慧，关荣霞，等. 大豆核心种质和微核心种质的构建、验证与研究进展[J]. 作物学报，2009，35（04）：571-579.

[42] 李雪华.大豆突变体库的初步构建及突变类型的鉴定[D]. 南京农业大学，2003.

[43] 杨兆民， 张璐. 辐射诱变技术在农业育种中的应用与探析[J]. 基因组学与应用生物学，2011，30（1）：87－91.

[44] 张秋英，余丽霞，李彦生，等.重离子束辐射大豆籽粒当代效应的初步研究[J]. 大豆科学，2013，32（05）：587-590.

[45] 刘录祥，郭会君，赵林姝，等.植物诱发突变技术育种研究现状与展望[J]. 核农学报，2009，23（06）：1001-1007.

[46] 鲁秀梅，张宁，陈劲枫，等.作物基因聚合育种的研究进展[J]. 分子植物育种，2017，15（04）：1445-1454.

[47] 栾晓燕，李宗飞，满为群，等.与大豆 SMV3 号株系抗性相关的分子标记的鉴定[J].分子植物育种 2006，4（6），69-71

[48] 马岩松，刘鑫磊，栾晓燕，等.大豆胞囊线虫病抗性基因相关标记对杂交后代抗性的鉴定效率，大豆科学[J]. 2014，33（2），173-178

[49] 金雪花，张惠，陈辰，等.基于模糊感官评价的大豆品种对豆浆加工品质影响分析.食品科学[J].，2019，40（17），59-64

[50] 栾晓燕，刘鑫磊，薛永国，等. 多抗高产大豆新品种黑农84的选育研究[J]. 大豆科学，2018，37（6）：839-842.

[51] 栾晓燕，刘鑫磊，薛永国，等. 国审高产优质大豆新品种黑农83的选育[J]. 大豆科学，2017，36（6）：978-979.

[52] 栾晓燕,刘鑫磊,马岩松,等.国审高油高产大豆黑农61品种选育[J]. 大豆科学，2016，

35（5）：871-872.

[53] 刘鑫磊，栾晓燕，马岩松，等. 大豆新品种黑农 68 的选育与中试示范[J]. 黑龙江农业科学，2015，256（10）：5-9.

[54] 薛永国，刘鑫磊，唐晓飞，等. 东北春大豆 60Co-γ 辐射和 EMS 诱变的突变特点分析[J]. 大豆科学，2020，39（2）：174-182.

[55] 侯文胜，林抗雪，陈普，等. 大豆规模化转基因技术体系的构建及其应用[J]. 中国农业科学，2014，21：4198-4210.

[56] Shikazono N，Tanaka A，Watanabe H，etal. Rearrangements of the DNA in carbon ion-induced mutants of Arabidopsis thaliana [J]. Genetics，2001，157（1）：379-387.

[57] Bolon YT，Haun WJ，Xu WW，etal. Phenotypic and genomic analyses of a fast neutron mutant population resource in soybean [J]. Plant Physiology，2011，156（1）：240-53.

[58] Kerstetter R A，Bollman K，Taylor R A，et al. KANADI regulates organ polarity in Arabidopsis [J].Nature，2001，411（6838）：706-709.

[59] 盖志佳.黑龙江省大豆施肥存在的问题及高产高效施肥技术[J].现代化农业，2022（03）：22-23.

[60] 龚振平，马春梅，金喜军，等.种植大豆对土壤氮素盈亏影响的估算[J].核农学报，2010，24（01）：125-129..

[61] 杨旭，尹少宇.大豆最佳施肥量筛选试验研究[J]. 农业与技术，2002，22（2）：153-54，81.

[62] 姚玉波.大豆根瘤菌固氮特性与影响因素的研究[D].哈尔滨：东北农业大学，2012.

[63] 干凤瑶，刘锦江，辛秀君，等.播期对高蛋白大豆产量及品质的影响[J]. 大豆科学，2008，27（4）：620-623.

[64] 陈锦坤，孙正国，徐秀银，等.播期对专用高蛋白大豆产量和品质的调节效应[J].大豆科学，2007（01）：89-91+99.

[65] 鹿文成.不同播期对大豆产量和品质的影响[J].耕作与栽培.2005（5）：35-36.

[66] 张玉聚，武予清，崔金杰. 中国农业病虫草害[M].北京：中国农业科技出版社，2008：255-276.

[67] 陶波. 杂草化学防除实用技术（第二版）[M]. 北京：化学工业出版社，2013：13-15.

[68] 黄春艳，陈铁保，王宇，等.28 种除草剂对大豆的安全性及药害研究初报[J]. 植物保护，2003（1）：31-34.

[69] 王秋京，李秀芬，闫平，等.黑龙江省主要农业气象灾害时序特征及其对大豆产量影响的灰色关联分析[J]. 中国农学通报，2020，36（03）：81-87.

[70] 莫金钢，马建，张丽辉，等.干旱胁迫对大豆种子萌发的影响[J].大豆科学，2014，33

（05）：701-704.

[71] 韩亮亮，周琴，陈卫平，等.淹水对大豆生长和产量的影响[J].大豆科学，2011，30（04）：589-595.

[72] 张勇.冷害对黑龙江克拜地区大豆农艺性状及产量的影响[J].黑龙江农业科学，2013（10）：16-19.

[73] 桑树鹏.大豆不同生育期内应对低温冷害措施的研究[J].大豆科技，2013（1）：53-54.

[74] 张明芳.黑龙江省北部大豆窄行密植栽培技术[J].现代化农业，2007（03）：9-10.

[75] 赵明珠，刘迎雪，李文华，等.不同类型大豆品种籽粒蛋白质含量的积累规律研究[J].大豆科学，2009，28（04）：740-743.

[76] 王志新.环境因素对大豆化学品质及产量影响研究 II，遮光对大豆化学品质及产量的影响[J].大豆科学，2004，23（1）：41-44.

[77] 刘丽君，孙聪姝，董守坤，等.硫对大豆籽粒蛋白质和脂肪组分的影响[J].大豆科学，2008，27（06）：993-996+1002.

[78] 胡国华，宁海龙，王寒冬，等.光照强度对大豆产量及品质的影响 I.全生育期光照强度变化对大豆脂肪和蛋白质含量的影响[J].中国油料作物学报，2004（02）：87-89.

[79] 刘鑫磊，来永才，栾晓燕，等.国审高油高产大豆新品种黑农 87 的选育与应用[J].大豆科学，2022，41（02）：239-243.

[80] 马岩松，刘章雄，文自翔，等.群体构成方式对大豆百粒重全基因组选择预测准确度的影响[J].作物学报，2018，44（01）：43-52.

[81] 姚骥．全基因组选择和育种模拟在纯系育种作物亲本选配和组合预测中的利用研究[D].中国农业科学院，2019.

[82] 陈笑，冯献忠.基因组编辑技术在大豆遗传改良中的应用[J].农业生物技术学报，2021，29（04）：789-798.

ICS 65.020.20
B 05

DB23

黑　龙　江　地　方　标　准

DB23/T 2715—2020

高蛋白大豆优质高产同步
栽培技术规程

2020-11-26 发布　　　　　　　　　2020-12-25 实施

黑龙江省市场监督管理局　发布

前　言

本标准依据GB/T 1.1-2009的编写规则起草。

本标准由黑龙江省农业农村厅提出。

本标准起草单位：黑龙江省农业科学院大豆研究所、中国农业科学院作物科学研究所、黑龙江省农业科学院。

本标准主要起草人：栾晓燕、刘鑫磊、邱丽娟、薛永国、王家军、张必弦、唐晓飞、曹　旦、韩德志、刘　凯、刘　琦、朱梓菲、洪惠龙、王广金。

高蛋白大豆优质高产同步栽培技术规程

1 范围

本标准规定了高蛋白大豆优质高产同步生产及栽培技术的术语和定义、产地环境、选地与整地、品种选择与种子处理、播种、田间管理、病虫害防治、收获及档案管理。

本标准适用于高蛋白大豆优质高产同步栽培。

2 规范性引用文件

下列文件对于本文件应用是必不可少的。凡是注日期的引用文件，仅注日期的版本适用于本文件。凡是不注日期的引用文件，其最新版本（包括所有的修改单）适用于本文件。

GB 3095 环境空气质量标准

GB 15618 土壤环境质量标准（试行）

GB 4404.2 粮食作物种子 第二部分：豆类

GB 5084 农田灌溉水质标准

GB/T 15671 农作物薄膜包衣种子技术条件

GB/T 8321（所有部分） 农药合理使用准则

NY/T 496 肥料合理使用准则 通则

NY/T 2159 大豆主要病害防治技术规程

NY/T 1276 农药安全使用规则 总则

3 术语和定义

下列术语和定义适用于本文件。

3.1

高蛋白品种优质高产同步栽培技术

提供适宜的土壤环境、栽培条件以满足高蛋白品种遗传特性的需要，使其达到高产和优质统一。

4 产地环境

空气环境质量应符合GB 3095的规定，农田灌溉水质应符合GB 5084的规定，土壤环境质量应符合GB 15618的规定。

5 选地与整地

5.1 选地

选择地势平坦、中等以上肥力、保水保肥性能良好，排灌方便，未有农药残留的玉米茬、小麦茬等非豆科地块。

5.2 整地

宜采取秋整地，以耙茬深松为主，耕翻为辅。耙茬深度 10～12 cm，深松深度 30 cm～40 cm；耕翻深度 25 cm～30 cm，翻后耙耢；耙茬深松或耕翻后起 65cm 或 130 cm 或 110 cm 垄。

6 品种选择与种子处理

6.1 品种选择

选择通过审定推广的生育期适宜的高蛋白大豆品种，蛋白质含量应≥44%，种子质量应符合GB 4404.2 的规定。

6.2 种子处理

应对选择的种子进行包衣处理，以防病虫害发生，种子包衣应符合 GB/T 15671 的规定。

7 播种

7.1 播期

在 5 cm 耕层地温稳定通过 8℃时，及时播种。

7.2 播种密度

依据品种特性，肥水条件及栽培方式要求确定播种密度，一般公顷保苗：第一积温带22万～25万株，第二三积温带26万～30万株，第四五六积温带31万～40万株。

7.3 播种方式

常规 65cm 垄作，机械条播，垄上双行，130cm(或 110 cm)大垄窄行种植，垄上种植 3 行～4 行（2 行～3 行）。

8 田间管理

8.1 施肥

8.1.1 总体要求

肥料的使用应符合 NY/T 496 的规定。

8.1.2 基肥

施用腐熟农家肥 15 t/hm² ～30 t/hm²。

8.1.3 种肥

依据测土配方确定化肥用量，一般施纯 N 为 40 kg/hm²～50 kg/hm²、P_2O_5 为 70 kg/hm²～90 kg/hm²、K_2O 为 50 kg/hm²～70 kg/hm²，采用侧深施肥法，施于种子侧向 5 cm～6 cm，深度为种下 5 cm～6 cm 和 10 cm～11 cm 两层，各占 50 %。

8.1.4 叶面追肥

在开花初期和鼓粒初期可各喷施 1 次叶面肥，肥料以氮肥、磷酸二氢钾、硼、钼、硫为主。

8.2 化学除草

宜采用播后苗前封闭除草，可根据除草效果选择苗后茎叶处理，药剂使用应符合 GB/T 8321 和 NY/T 1276 的规定。

8.3 中耕

大豆生育期间中耕 2 次～3 次。第一次在大豆 1 片～2 片复叶期进行垄沟深松，深度 25 cm～30 cm。之后每隔 7d～10d 中耕 1 次，培土扶垄，在大豆封垄前完成。

8.4 灌溉

在大豆开花至鼓粒期为保持种子蛋白质性状稳定，如遇干旱应及时灌溉。

9 病虫害防治

9.1 防治原则

遵循"预防为主，综合防治"的原则，优先使用农业防治、物理防治、生物防治，必须化学防治时，应符合 GB/T 8321 和 NY/T 1276 的规定。

9.2 病害

大豆主要注意防治灰斑病、根腐病、菌核病、胞囊线虫病等病害，防治病害首选抗病品种，并须进行合理轮作，病害发生必须药剂防治时，应符合 NY/T 2159 的规定。

9.3 虫害

大豆的主要注意防治虫害有蚜虫、红蜘蛛、草地螟、食心虫等，防治虫害首选抗病品种，田间防治须结合相关部门的预测预报进行，按照不同种类虫害发生规律防治，化学防治应符合 NY/T1276 的规定。

10 收获

叶片全部落净、子粒归圆应及时收获，防炸荚并保持品种蛋白特性。

11 档案管理

应建立高蛋白大豆栽培技术档案，内容包括产地环境、选地与整地、品种选择与种子处理、播种、田间管理、病虫害防治、收获等。